Severin, Raphael und Alexis von Hoensbroech
sind Experten für die Kunst wirksamer Führung. Sie haben langjährige Erfahrung als
Berater, Manager und Unternehmer, aber auch
als Künstler.

Drei Brüder, drei spannende Biografien, drei
unterschiedliche Perspektiven. Gemeinsam
besitzen die drei ein unvergleichliches Wissen
über die Kunst wirksamer Führung. Raphael
und Severin haben dieses Wissen bereits in
vielen Managementseminaren weitergegeben
– hier präsentieren sie es zum ersten Mal in
einem Buch.

Das Peripetie-Prinzip

RAPHAEL I SEVERIN I ALEXIS
VON HOENSBROECH

Das Peripetie Prinzip

DIE KUNST WIRKSAMER FÜHRUNG

MURMANN
MURMANN PUBLISHERS

Dieses Buch wurde klimaneutral produziert:

Bibliografische Information der Deutschen Nationalbibliothek
Die Deutsche Nationalbibliothek verzeichnet diese Publikation in
der Deutschen Nationalbibliografie; detaillierte bibliografische
Daten sind im Internet über http://dnb.d-nb.de abrufbar.

Illustrationen: Alexander von Lengerke, Köln
Druck und Bindung: CPI books GmbH, Leck
Printed in Germany

ISBN 978-3-86774-571-0

Besuchen Sie uns im Internet: www.murmann-publishers.de
Ihre Meinung zu diesem Buch interessiert uns!
Zuschriften bitte an info@murmann-publishers.de
Den Newsletter des Murmann Verlages können Sie anfordern unter
newsletter@murmann-verlag.de

Inhalt

Vorwort: Über das Peripetie-Prinzip und die Kunst, wirksam zu führen

Jeder, der führt, ob Unternehmer oder Manager, weiß: Um wirklich etwas zu bewegen und zu verändern, muss er nicht nur fachlich hochkompetent sein und genau wissen, was er will. Er muss die Menschen auch inspirieren können. Für sich, für seine Vision, für die gemeinsame Sache. Gute Argumente sind dafür zwar hilfreich. Etwas anderes ist aber mindestens genauso wichtig, und es wird oft übersehen: Wer mit seinem Auftreten vor der Öffentlichkeit oder im Team nicht überzeugt, der wird nichts bewirken. Die Performance muss stimmen. Und die lässt sich beeinflussen, zum Beispiel ganz simpel durch Vorbereitung.

Das habe ich zum ersten Mal so richtig einschneidend erlebt, als ich noch als Schüler eine politische Rede vor 20 000 Menschen halten sollte, unter freiem Himmel. Ich war nicht gut präpariert, hatte nur Zettel mit wenigen Stichworten und bemerkte schon während des Redens, dass meine Worte nicht den gewünschten Eindruck machten. Glücklicherweise wurde meine Rede durch einen kräftigen Regenschauer unterbrochen. Danach habe ich mich auf jede Rede intensiv vorbereitet. Ich hatte gelernt, wie wichtig der öffentliche Auftritt ist.

Als Führungskraft muss man zwar überzeugend auftreten können, um zu wirken. Die großartigste Soloperformance allein reicht aber nicht, um die bestmögliche Wirkung zu erzielen. Wer es nicht schafft, sein Team, sein Unternehmen, seine Organisation zu einem Ensemble zu formen, wird keine nachhaltige Veränderung bewirken und nur Alltägliches und Altbewährtes abliefern. Bloßer Standard aber bedeutet: Heute kann man gerade noch so mitschwimmen. Morgen ist man abgesoffen.

Deshalb braucht gute Führung, wirksame Führung, die Fähigkeit, die anderen zu ihrer Höchstleistung zu bringen und im Ensemble als Führungskraft die richtige Rolle einzunehmen, oft unheroisch-unspektakulär, aber mit den selektiv und richtig dosierten Interventionen. Letztlich geht es darum, allein oder im Team, ein Publikum zu begeistern – Mitarbeiter, Kollegen, Vorgesetzte, Kunden, Shareholder, Stakeholder, die Öffentlichkeit.

Ob solo oder im Ensemble – wenn die Performance stimmt, kann entstehen, worauf es wirklich ankommt: ein Moment, der etwas bewirkt. Ein Moment, in dem Veränderung stattfindet. Das ist es, was mit »Peripetie« gemeint ist. Dieser Begriff, den bereits Aristoteles für seine Dramen-Theorie verwendet hat, bezeichnet den Augenblick, in dem ein Geschehen umschlägt, den Moment eines Umschwungs der Handlung. Genau das wollen wir als Führungskräfte ja erreichen: einen Umschwung der Handlung. Gerade in Zeiten von Umbrüchen und Transformation, wo Mentalitätsumschwünge Schlüssel sind.

Das hat etwas Künstlerisches – in der Herstellung des Moments der Peripetie, aber auch im Erleben des Moments. Deshalb ist es richtig, von wirksamer Führung als einer Kunst zu sprechen. Und deshalb ist es auch so naheliegend, dass Künstler uns viel über gute Führung verraten können.

Raphael und Severin von Hoensbroech sind Künstler – und zugleich Manager sowie Unternehmer. Raphael begann bereits mit drei Jahren Geige zu spielen. Er ist promovierter Musikwissenschaftler und lernte nebenher das Dirigieren. Nachdem er fast zehn Jahre als Unternehmensberater gearbeitet hatte, wurde er Geschäftsführender Direktor eines der größten deutschen Konzerthäuser. Brücken zu schlagen zwischen den zwei Welten Musik und Wirtschaft war schon immer sein Thema. Es ist auch das Thema seiner Seminare für Führungskräfte, in denen er als Dirigent mit einem echten Orchester auf verblüffende Weise zeigt, wie gemeinsam Momente der Veränderung erzeugt werden können. Kurz: wie gute Führung funktioniert.

Severin ist Diplom-Psychologe, Schauspieler, Moderator mit umfassender Film- und Bühnenerfahrung und Regisseur. Er entwickelt mit seiner Frau Anja ein großes Denkmalensemble bei Köln, zu dem auch eine Bio-Landwirtschaft gehört, und will daraus eine Art »Erlebnispark für Nachhaltigkeit« erschaffen. Solche Pläne lösen in seiner Umgebung oft Kopfschütteln aus, aber Severin weiß aufgrund seiner Profession, wie man mit seinem Auftreten bei anderen Menschen Wirkung erzeugt, wie man Momente der Peripetie erreicht. Auch er gibt dieses Wissen in Seminaren an Führungskräfte weiter.

Der dritte Bruder, Alexis, ist »nur« Topmanager in einem internationalen Konzern, für den auch ich einmal gearbeitet habe. Alexis ist kein Künstler im engeren Sine, aber auch er hat mehrere Perspektivwechsel in seiner Karriere hinter sich: promovierter Astrophysiker, Unternehmensberater und nun Manager. Er weiß genau, welche Bedeutung die Peripetie für das Management hat und wie man als Führungskraft Wirkung erzielen kann. Mit seinen Beiträgen zum Buch bindet er das Spezialwissen seiner Brüder in den Alltag einer Führungskraft ein.

Drei Brüder, drei spannende Biografien, drei Perspektiven auf dasselbe Thema. Ist es ein Zufall, dass die Anfangsbuchstaben der drei zusammen das lateinische Wort *ars*, Kunst, ergeben? Jeder von den dreien weiß für sich sehr viel über die Kunst, Momente des Umschwungs – Peripetien – zu erzeugen. Und wo gibt es das schon mal, dass drei so unterschiedliche Brüder mit ihrem jeweiligen Wissen so viel zu einem gemeinsamen großen Thema beitragen können?

Die Geschichte der drei hat mich spontan beeindruckt. Mich faszinieren ungewöhnliche Typen, jedes Unternehmen, unsere ganze Gesellschaft profitiert vom Ungewöhnlichen, Nichtstromlinienförmigen. Aber es ist nicht allein mein Faible für das Außergewöhnliche, weswegen ich mich sofort bereit erklärt habe, das Vorwort für dieses Buch zu schreiben. Die drei Brüder von Hoensbroech sind Experten für eine wirksame, moderne und demokratische Führung, und sie vermitteln mit ihrem Buch auf unterhaltsame und fundierte Art, wie sich jede Führungskraft diese Art der Führung aneignen kann. Eine Führung, die tatsächlich Resultate bringt, die wirkt. Und damit Veränderung bringt. Kein Wunder, dass mich das begeistert!

Thomas Sattelberger

Auf der Bühne
durch die Wand gehen

 Ich musste 30 Jahre alt werden, bis ich mich getraut habe, jemandem zu erzählen, dass ich dreimal durch die Führerscheinprüfung gefallen bin. Es gibt für einen 18-Jährigen ja nichts Peinlicheres – zumal mein Fahrlehrer mit mir immer als seinem besten Schüler angegeben hatte. Aus heutiger Sicht ist die Geschichte eigentlich ganz ehrenhaft: Ich habe meine Fahrprüfung in der Schweiz abgelegt und bin wegen »destruktiven Bremsverhaltens« durchgefallen – bis dahin wusste ich weder, dass es dieses Kriterium überhaupt gibt, noch, was das überhaupt ist. Das zweite Mal habe ich dann fast einen Schweizer Soldaten auf einem Zebrastreifen überfahren, was der Fahrprüfer mit einem Tritt auf sein Bremspedal verhindert hat. Ich sehe die Schuld bis heute bei dem Soldaten – da er Tarnkleidung angezogen hatte, hätte er davon ausgehen müssen, nicht sichtbar zu sein. Und beim dritten Mal bin ich auf den alten Einbahnstraßentrick reingefallen: »Bitte die nächste Möglichkeit rechts abbiegen …«

Nach drei Fehlversuchen muss man in der Schweiz zum sogenannten »Idiotentest«. Die Tatsache, dass sich die Fahrerlaubnisverwaltung der Schweiz darauf einigte, mich ohne diesen Test ein viertes Mal zuzulassen, nehme ich bis heute als amtliche Bescheinigung dafür, dass ich kein Idiot bin. Ich brauchte aber zwölf Jahre, um das zum

AAAAAAAAAAAAH!!!

Ich krieg die Krise ... hoffentlich!

Vor vielen Jahren arbeitete ich als Unternehmensberater vorübergehend in Japan. Unser Unternehmen hatte mich im Rahmen einer Art Austauschjahr dorthin geschickt. Unter 160 Japanern war ich der einzige Ausländer, was – leicht vorstellbar – nicht ohne ein gewisses Maß an Missverständnissen und Skurrilität ablaufen kann.

Gleich in meiner ersten Woche wurde ich einem Projekt zugeteilt. Ein japanischer Hersteller von elektronischen medizinischen Geräten hatte seine selbs gesteckten Vertriebsziele in Europa nicht erreicht und uns gebeten, seine Europa-Strategie zu überarbeiten. Japaner fühlen sich (natürlich) in Japan wohl wie ein Fisch im Wasser, aber außerhalb des eigenen Landes sind sie oft unsicher und hilflos. Daher

ersten Mal jemandem zu erzählen. Ähnlich verhält es sich mit meiner Strategie, wie ich in den Schlaf finde, wenn ich meinen Kopf wegen Stress, Sorgen oder Ähnlichem nicht ausgeschaltet bekomme. Ehrlich gesagt offenbare ich das hier zum ersten Mal, und selbst meine geliebte Frau Anja, die sonst alles über mich weiß, wird das erst in diesem Buch lesen. Es war mir immer unangenehm, besonders gegenüber Anja, da es so etwas Selbstverliebtes hat, und das ist keine Eigenschaft, mit der man sich brüsten kann.

Wenn ich also nicht einschlafen kann, weil ich mich etwa über jemanden ärgere und mir schon 1000 Male vorgestellt habe, was ich dem sagen werde und wie, und mich dann über mich selbst ärgere, weil 1000 Male eigentlich reichen dürften und es nichts nützt, mir das noch zum 1001. Mal auszumalen, ich es aber trotzdem tue, dann denke ich an einen genialen Moment, irgendeinen, einen großen, einen kleinen, und dann schwelge ich in diesem Moment und lasse ihn in allen De-

passte es aus Sicht meines japanischen Arbeitgebers ganz gut, mich merkwürdigen Ausländer mit diesem Europa-Projekt zu beauftragen.

Wie bei Beratungsprojekten üblich, entschlossen wir uns, zunächst eine Markt- und Feldstudie durchzuführen. Und so fand ich mich bereits nach zehn Tagen wieder im Flugzeug nach Deutschland, um dort eine Woche lang Konsumenten, Vertriebspartner (nämlich Apotheken), sonstige Marktteilnehmer und -beobachter sowie lokale Mitarbeiter des Unternehmens zu befragen. Vorher hatten wir natürlich intern besprochen, was Inhalt dieser Studie sein sollte. Ich machte so etwas nicht zum ersten Mal und ging nach meiner gewohnten Methode vor: zuerst externe Marktdaten besorgen, parallel Hypothesen aufstellen und einen Fragenkatalog entwerfen, dann Interviews, Interviews und noch mal Interviews führen, diese auswerten, Hypothesen überarbeiten, erneut Interviews führen, um dann

tails vor meinem inneren Auge entstehen. In diesem Moment ist es so wohlig und warm, dass ich mich herrlich in ihn hineinkuscheln kann, und vor lauter Selbstbewunderung schlafe ich dann in der Regel ein. Was hat es mit diesen genialen Momenten auf sich?

Der geniale Moment einer Peripetie

Eigentlich bin ich ja studierter Psychologe, mein Zuhause ist allerdings die Bühne, als Regisseur, Schauspieler oder Moderator. Wenn ich nicht auf, vor oder hinter einer Bühne oder Kamera stehe, entwickle ich ein so altes wie bezauberndes und hochkompliziertes Denkmalensemble bei Köln mit angeschlossener ökologischer Landwirtschaft.

Unabhängig davon, ob ich gerade auf einer Bühne stehe, Menschen für die Bühne trainiere, einen Förderantrag durchargumentiere oder eine epische Schlacht inszeniere, geht es in meiner Tätigkeit immer um zwei zentrale Themen: Wirksamkeit und Authentizität. Bei-

hoffentlich zu einem schlüssigen Bild über den Markt und das Kundenverhalten zu kommen.

Nach zwei Tagen bekam ich den ersten Anruf meines Projektleiters aus Tokio, der meine Ergebnisse hören wollte. Ich erklärte ihm, dass ich noch mitten in der Findungsphase sei und für erste Ergebnisse noch ein paar Tage benötigte. Schon während des Telefonats merkte ich, dass das bei ihm nicht so richtig verfing. Mir war aber auch nicht wirklich klar, was mein japanischer Chef nach nur zwei Tagen denn so erwartete.

Zwei Stunden später klingelte erneut mein Telefon, und eine japanische Kollegin, die an demselben Projekt arbeitete, meldete sich aus Tokio. Offenbar habe ich ja Schwierigkeiten, und daher würde sie sich noch heute Abend in den Flieger setzen, um mich ab morgen bei meiner Arbeit vor Ort zu unterstützen. Und ehe ich mich versah, hatte ich eine hyperaktive japanische Beraterin neben mir sitzen. Sie wollte ganz genau wissen, mit wem ich gesprochen habe, was

des Dinge, die bevorzugt in Bühnensituationen entstehen, wobei es hier unbedeutend ist, ob ich gerade Macbeth spiele oder eine Rede vor Mitarbeitern halte.

Geniale Momente auf der Bühne können verschiedenste Formen haben. Hier zwei Beispiele für solche Momente, die ich erlebt habe:

- Bei der Inszenierung des »Idealen Gatten« von Oscar Wilde konnte ich dem Stück, das dramaturgisch schwere Mängel aufweist (die zentrale Figur Mrs. Cheveley ist am Ende des dritten Aktes abgespielt, und etliche im ersten Akt aufwendig eingeführte Figuren tauchen nie wieder auf), durch eine kleine selbst geschriebene Szene einen wunderbaren narrativen Bogen geben und darüber hinaus (übrigens versehentlich) eine hochaktuelle Aussage verpassen.

die Antworten waren, warum ich einem Interviewpartner eine bestimmte Frage nicht gestellt habe und wo denn die statistische Auswertung sei. Dann begann sie, hektisch aus meinen Fragmenten Folien zu malen, deren Aussagen mangels Substanz herzlich mangelhaft waren, und schickte mich ständig los, irgendwelche erratischen Informationen einzuholen. Und das Ganze tat sie gefühlt 24 Stunden am Stück, ohne zu schlafen oder zu essen.

Mir dämmerte zwar, dass die japanische Kollegin möglicherweise selber keinen echten Plan hatte, aber mit ihrem hektischen Mikromanagement brachte sie mich vollkommen aus dem Konzept. Einerseits versuchte ich, mich auf ihre Arbeitsweise einzustellen, was ungefähr so gut funktionierte, wie wenn man einen Boxer zu einem Ikebana-Wettbewerb schickt. Andererseits bemühte ich mich, wenigstens Rudimente meines eigenen Konzeptes durch weitere Interviews zu retten, was aber kaum glückte.

- Bei einem Kongress hielt ich einmal einen Vortrag, bei dem mir das ganze Publikum abgenommen hat, dass ich versehentlich erst eine Hochzeitsrede ablese, die noch in der Jacketttasche steckte, und dann eine Totenrede, die in der anderen Tasche steckte. Als ich aus der dritten Tasche die *I had a dream*-Rede von Martin Luther King zog, explodierte das Publikum vor Lachen.

Ein genialer Moment kann aber auch schon eine kleine, schlagfertige Antwort sein.

Meistens bemerken wir erst im Nachhinein, wie genial die Momente waren, und das ist tatsächlich ein Kriterium dieser Momente. Der geniale Moment ist kein Selbstzweck, er ist nicht das zu erreichende oder erreichte Ziel. Es kann sich toll anfühlen, einen Dreitausender erklommen zu haben und auf dem Gipfel zu stehen. Der geniale Mo-

Einige Tage später wurde ich dann nach Tokio zurückbestellt, während meine rastlose japanische Beraterkollegin in Deutschland bleiben sollte, um »meine« Feldstudie abzuschließen. Mit leerem Kopf und vor allem ohne aussagekräftige Ergebnispräsentation stieg ich in den Flieger und schlief den ganzen Flug, da mir die Kollegin nicht nur den letzten Nerv, sondern auch den letzten Schlaf geraubt hatte.

Ich kann mich kaum an Momente in meinem Berufsleben erinnern, in denen ich mich so schlecht und so erniedrigt gefühlt habe. Bei meinem japanischen Arbeitgeber war ich definitiv schwer angezählt – und das nach kaum mehr als zwei Wochen. Und da ich schließlich ein ganzes Jahr in Tokio bleiben wollte, steckte ich mitten in einer tiefen persönlichen Krise und hatte innerlich schon fast kapituliert.

Als ich im Taxi zum Büro saß, etwa 30 Minuten bevor ich auf den japanischen Projektmanager treffen sollte, blätterte ich noch mal frustriert durch die Ergebnisfolien, die unter dem Taktstock meiner

ment findet aber in der Wand unterhalb des Gipfels statt und entfaltet seine Genialität für den Schöpfer des Momentes oft ungeplant. Er entsteht, wenn wir auf dem Weg zum Ziel einen Durchbruch erleben, wenn etwas passiert (eine Idee, eine Tat, ja vielleicht nur ein Satz), was die Kraft hat, alles zu verändern, was folgt. Der geniale Kniff, die entscheidende Wendung, die das Erreichen des Gipfels überhaupt erst möglich gemacht hat. Die kleine Szene im Oscar-Wilde-Stück hatte ich ursprünglich nur erfunden, um eine dramaturgische Unzulänglichkeit zu beheben. Der von mir gar nicht beabsichtigte Effekt war allerdings, dass sie das ganze Stück auf ein anderes Bedeutungsniveau gehoben hat.

Das ist das Besondere, Erhebende und Erhabene an genialen Momenten, und sie können in allen Bereichen stattfinden. Vorwiegend natürlich in der Kunst, die diese Momente braucht, um überhaupt

hektischen japanischen Kollegin entstanden waren, und erwartete die absehbare Katastrophe im Büro. In diesem Augenblick merkte ich, wie in mir eine Mischung aus Wut und Panik aufstieg – und mit ihr auch ein wenig Kampfgeist. Ich legte die so wirren wie dünnen Ergebnisdarstellungen beiseite, las noch mal meine diversen Interviewnotizen quer, markierte bestimmte Muster, die in verschiedenen Interviews auffielen, und strukturierte sie in Gedanken. Mit dem Mut zur Lücke schrieb ich dann – noch im Taxi – auf einer halben Seite hypothesenhaft die Kernaussagen in meiner eigenen Struktur handschriftlich nieder.

Im Büro angekommen, erwartete mich recht unterkühlt der Projektmanager. Wir gingen in einen Besprechungsraum, in dem telefonisch meine japanische Kollegin aus Deutschland zugeschaltet war. Gerade wollte meine Kollegin am Telefon beginnen, »unsere« Ergebnisse vorzustellen, da bat ich darum, einleitend und abseits der

existieren zu können. Doch kann auch ein besonders formulierter juristischer Satz ein genialer Moment sein, eine Klausel in einem Vertrag, die diesem auf einmal eine ungeahnte Tragweite gibt und noch Generationen die scharfsinnige Formulierung bewundern lässt, deren überragende Qualität dem Autor eventuell gar nicht bewusst war, deren Aussage vielleicht sogar anders intendiert war.

Nun lassen sich geniale Momente leider nicht erzwingen, doch man kann sie ermöglichen. Die Techniken und Grundprinzipien, die wir in diesem Buch beschreiben, ebnen den Weg zu diesen Momenten. Es sind diese Momente, die im Gesamten die entscheidende Wendung bringen. Oft aus einer Krise entstanden, ermöglichen sie das Erreichen eines Ziels oder bringen die Wende zum Erfolg.

Im klassischen Drama nennt man solche Momente die »Peripetie«. Sie liegt meist etwa in der Mitte der Gesamthandlung. Unser Leben und besonders unser Berufsleben ist zwar häufig ein Drama, als klassisches

Präsentation meine persönliche Zusammenfassung abgeben zu dürfen. Und dann erzählte ich den beiden anhand meiner in zehn Minuten im Taxi zusammengeschriebenen Kernaussagen, was ich in der Woche in Deutschland über den Markt dieser elektronischen Geräte im Medizinsektor gelernt hatte. Das war nicht ohne Risiko, denn es passte überhaupt nicht zu der Ergebnispräsentation, die auf dem Tisch lag, und vermutlich auch überhaupt nicht zu der japanischen Kultur. Aber es nicht zu versuchen wäre mein sicheres Ende gewesen. Der japanische Projektmanager schaute mich völlig überrascht an, sagte lange nichts und meinte dann nachdenklich: »Das sind ja erstaunlich brauchbare Aussagen! Lasst sie uns zu Papier bringen und dem Kunden vorstellen.«

Von meiner hyperaktiven japanischen Kollegin kamen keine weiteren Laute aus dem Telefon. Sie reiste zurück nach Japan und half mir fortan, meine Aussagen zu Papier zu bringen und zu untermauern. Das Projekt wurde letztlich ein Erfolg, und die japanischen Kollegen

Drama leider jedoch recht ungeeignet, da Anfang und Ende der Handlung nur schwer zu bestimmen sind. Die genialen Momente der Veränderung, die Peripetien, können wir im Nachhinein jedoch gut erkennen.

In diesem Teil des Buches dreht sich alles um den Auftritt vor anderen Menschen. Im Teil »Gemeinsam Musik machen statt Noten spielen« geht dann mein Bruder Raphael der Frage nach, wie in der Interaktion mit einem Team geniale Momente entstehen können. Zentrales Motiv bei allem ist die Veränderung – dass das Nachher grundsätzlich anders, besser, größer, ergreifender, tiefer, tiefsinniger und so weiter ist als das unwiederbringliche Vorher. Das ist das Peripetie-Prinzip.

im Büro brachten mir plötzlich Respekt entgegen. Wir haben das ganze Jahr bei vielen Projekten sehr gut zusammengearbeitet.

Die Krise war die Peripetie, der entscheidende Wendepunkt – auch wenn sie nur eine kleine und persönliche Krise war. Nur durch sie war es möglich, einen unkonventionellen Weg zu gehen und das Heft des Handelns in die Hand zu bekommen.

In jeder Krise hat man eine Wahl. Man kann sich ihr ergeben und gegebenenfalls in ihr untergehen. Aber in jeder Krise steigen auch immer die persönlichen und unternehmerischen Freiheitsgrade. Wenn es einem gelingt, diese kreativ und zielgerichtet zu nutzen, kann man stärker aus der Krise herauskommen, als man hineingeraten ist. Dann kann sie zu einem entscheidenden Wendepunkt werden. Das gilt im Kleinen wie im Großen.

Manche leistungsorientierte Unternehmen suchen bei Einstellungsgesprächen ganz gezielt ein bestimmtes Persönlichkeitsbild,

Krise? Welche Krise?

Ein nicht zwingend notwendiger, aber sehr häufig auftretender Ausgangspunkt für die Erzielung genialer Momente – und somit oft Grundlage der Peripetie – ist die Krise. In der Schauspielschule machten wir einmal eine Übung zu dem Thema. Sie heißt »Radikalkreis«. Vierzig Schüler setzen sich in einen Halbkreis vor eine Wand, und einer muss in die Mitte. Er bekommt die schlichte Aufgabe gestellt, die anderen zu unterhalten.

Der Haken: Er darf den Kreis erst verlassen, wenn sich alle vor Lachen krümmen oder in Tränen ausgebrochen sind – selbst wenn das anderthalb Stunden dauert. Die Zuschauer müssen aufmerksam zusehen, dürfen sich also nicht ablenken, unterhalten, einschlafen oder Ähnliches (was bei 90 Minuten Dauer der Übung auch für die Zuschauer eine Herausforderung ist).

nämlich das des »Insecure Overachievers«. Das ist jemand, der immer unsicher ist, ob das, was er leistet, gut genug ist. Deshalb strengt er sich besonders an, es besser zu machen – und ist dabei oft zu ungeahnter Höchstleistung in der Lage. Diese Menschen befinden sich quasi in einer Dauerkrise. Sie beschreiten aus blanker Not oft kreative und ungewöhnliche Wege, um sich aus ihrer (vermeintlichen) Krise zu retten – mit oft sehr beeindruckendem Erfolg.

Im Großen gilt das genauso. Viele Unternehmen leisten sich Strukturen, von denen eigentlich jeder weiß, dass sie nicht effizient oder zukunftsfähig sind. Aber solange es dem Unternehmen wirtschaftlich gut geht, ist es nahezu unmöglich, diese Strukturen zu verändern. Wenn ein solches Unternehmen aber in eine wirtschaftliche Krise gerät, die für jeden spürbar wird, ändert sich die Lage. Anteilseigner wollen wissen, was getan wird, um das Unternehmen aus der Krise zu holen. Mitarbeiter werden nervös und fragen, ob es für das Unternehmen und damit ihre Arbeitsplätze überhaupt noch eine Zukunft

Als ich in den Kreis musste, hatte ich mir vorher die besten Witze zurechtgelegt – und da ich schon immer ein ganz guter Kabarettist war, machte ich mir keine Sorgen. Leider zündete der erste Gag nicht so recht. Als allerdings auch der zweite und dritte nicht ankamen, vermurkste ich den vierten, und dann wurde es sehr dunkel. Ich stand da – der Kopf leer gefegt und 40 Augenpaare von Mitstudenten auf mir. Da ich schon meine Halbjahresinszenierung im kläglichen Versuch, Peter Brook zu imitieren, versägt hatte, wurde der Druck gigantisch. Jetzt scheitern, und mit mir würde niemand mehr arbeiten wollen. Im Raum war es sehr ruhig geworden – entsetzlich ruhig. Und die Zeit verging. Riesiges Loch! Und dann passierte es. Es war, als bräche ich durch eine Wand. Ich machte den Mund auf, und völlig unkontrolliert kam ein merkwürdiges Kauderwelsch hervor. Ich machte minimalistische Bewegungen dazu, und es ergab sich eine Figur, dann

gibt. Gewerkschaften erkennen Handlungsbedarf. Lieferanten und Kunden werden nachsichtig, da sie einen möglicherweise wichtigen Geschäftspartner nicht verlieren wollen. Sogar ungeliebte Wettbewerber können plötzlich offen für Kooperations- oder Fusionsgespräche werden, wenn es sich um eine Marktkrise handelt, die alle trifft.

Und genau in diesem Augenblick wird die Krise zur Chance. Die unternehmerischen Gestaltungsmöglichkeiten werden riesig, noch kurz zuvor undenkbare Veränderungen werden auf einmal akzeptabel. Wenn man jetzt als Führungskraft die Initiative ergreift, die kreativen Kräfte einer Krise zulässt, aus tradierten Mustern ausbricht, die richtigen Veränderungsschritte einleitet und kommunikativ die Mannschaft mitnimmt, dann hat man eine Chance, völlig neue Wege zu gehen und gestärkt aus der Krise hervorzugehen.

Es gibt viele Positivbeispiele, wie sich auch Großunternehmen in existenziellen Krisen neu erfunden haben. Etwa IBM, das in über

eine andere Figur, das Publikum begann zu kichern, ein Dialog, es entstand eine Szene, das Publikum lachte, und ich wusste genau, was ich tun musste, um das Publikum, das auf einmal *mein* Publikum war, zu steuern und zu führen. Die Leute lachten Tränen, und ich hatte das Gefühl, stundenlang weitermachen zu können. Flow pur. Ich habe im Radikalkreis noch einige Leute durch diese Wand gehen sehen, doch es hat manchmal über eine Stunde gedauert, bis jemand so weit war.

Auch später habe ich oft beobachtet, dass die Krise essenzieller Bestandteil eines erfolgreichen Prozesses ist. Bei den meisten meiner Inszenierungen mussten wir durch eine Krise durch, und ich erinnere mich an viele Tränen, absolute Hilflosigkeit auf allen Seiten und veritable Schlägereien. Wenn ich mit einer Schauspielkollegin telefoniere, die gerade kurz vor einer Premiere steht, und ich am Telefon Sätze höre wie »Hey, das wird eine ganz tolle Produktion, super Regisseur, tolle Kollegen, großartiges Stück, du musst unbedingt kommen!«, dann weiß

100 Jahren Unternehmensgeschichte gleich mehrfach vor dem Ende stand, weil der Markt für die IBM-Produkte verschwand. Aber in jeder Krise fand das Unternehmen einen kreativen Ausweg und wurde jedes Mal stärker. Vom Produzenten von Lochkartenmaschinen über den Hersteller von Großrechenanlagen zu PCs und schließlich hin zum Software- und Dienstleistungskonzern, der heute knapp 100 Milliarden US-Dollar Umsatz macht. Aber genauso gibt es Negativbeispiele, wie etwa den Konzern Eastman Kodak, dem es nicht gelang, dem Niedergang der chemischen Fotofilme etwas kreatives Neues entgegenzusetzen, und der letztlich in der Insolvenz landete.

Erst in solchen Krisensituationen zeigen sich die eigentlichen Fähigkeiten von Führungskräften. Da ist es wie beim Segeln: Schönwetter-Kapitän zu sein ist einfach, das kann jeder. Aber bei Sturm und schwerem Seegang, bei gerissenem Segel und gebrochenem Mast, da zeigt sich, wer wirklich Führungsqualitäten hat und das Boot sicher in den Hafen bringt. Wer in einer Krise zu ungeahnter kreativer Form aufläuft, wer es schafft, andere von seiner Idee, seiner Lösung zu begeistern, wem es gelingt, diese Krise erfolgreich zu bewältigen, indem er fruchtbares Neuland betritt – der kann die Krise zu einem entscheidenden Wendepunkt für eine bessere Zukunft machen.

Daher sollte man nie die Chancen verpassen, die eine Krise bietet.

ich schon, dass ich nicht hinzugehen brauche. Wenn der Text allerdings »Wir kotzen alle, hier herrscht Krieg, gerade ist der XY abgehauen, und die Dings heult nur noch« lautet, dann gibt es gute Chancen auf einen großartigen Theaterabend.

Natürlich entstehen geniale Momente und Peripetien manchmal auch ohne Krise – doch leider nur selten. Die Krise setzt offensichtlich in unserem Gehirn Kräfte frei und weckt Potenziale – sie ermöglicht oft eine Erkenntnis, eine neue Sicht auf eine Person, auf festgefahrene Meinungen oder Tatsachen. Im klassischen Drama ist dies die Anagnorisis, die dann wiederum zur Peripetie führt. Kurz: Die Krise ist häufig der Humus für die Peripetie.

Viele berühmte geniale Momente, wie etwa die *I had a dream*-Rede von Martin Luther King, sind aus einer Krise geboren. Martin Luther King scheiterte nämlich mit seiner aufgeschriebenen Rede. Er verließ dann sein Manuskript und folgte dem Ruf der befreundeten Sängerin Mahalia Jackson: »Tell 'em about the dream, Martin!«

Das Dumme ist nur, dass einem das Wissen um Wert und Nutzen der Krise im Moment der Krise nichts nutzt, denn da herrscht ja Krise – und zu scheitern ist hier durchaus eine reale Option. Dennoch ist die Krise oft ein guter Ausgangspunkt für eine Peripetie.

Worauf es schlussendlich ankommt, ist, das Gehirn dazu zu bewegen, die nötige Freiheit und Durchlässigkeit zu haben, um geniale Momente und Peripetien zu ermöglichen. Viele der Techniken, die in diesem Buch stehen, zielen genau darauf ab.

1. Auf einer Bühne kann man sich nicht verstecken

 Wenn in diesem Buch von der Bühne die Rede ist, meine ich nicht nur die physische Bühne, auf der man Theaterstücke spielen oder PowerPoint-Präsentationen halten kann. Bühnen lauern überall, bei privaten und öffentlichen Reden, Vorstandspräsentationen, Briefings, Schulungen, Gerichtsverhandlungen, Lehrveranstaltungen, Bergfesten, beim Pitch und auf Weihnachtsfeiern.

Als Manager finden Sie sich ständig auf Bühnen wieder – ob Sie Spaß daran haben oder nicht. Für viele Menschen sind all diese Bühnen auch gar kein Problem (was nicht heißt, dass sie dann alles gut machen, aber dafür gibt es ja dieses Buch). Sie haben keine Hemmungen, die Bühne ist für sie ein Lieblingsort. Und sie sagen: Die Bühne bedeutet für uns Ruhm, Show, der Mittelpunkt zu sein und hundert Leuten zu sagen, wo es langgeht, Begeisterung zu erzeugen und vor allem etwas mitzuteilen, uns mitzuteilen. Je mehr staunende Augen uns bewundern, umso wohler fühlen wir uns auf der Bühne. Menschen, die gerne auf Bühnen stehen, wissen: Das Gute an der Bühne ist, dass hier schon mit prekärem Halbwissen eine überzeugende Show möglich ist. Wer auf der Bühne steht, ist in der Regel Herr des Geschehens. Insofern ist die Bühne ein Ort großer Chancen.

Es gibt eigentlich kaum einen Ort, an dem man sich mehr Dinge erlauben kann.

Für viele andere Menschen ist die Bühnensituation jedoch angstbesetzt. Ihre Aufmerksamkeit kreist während des Auftritts um die Frage, was die Zuschauer wohl denken mögen, oder vielmehr, wie sie wohl urteilen werden oder gerade urteilen oder schon – o Gott – geurteilt haben und dann, was das wohl bedeutet – wie ich also dastehen und wie und wo meine Hände halten sollte, dass ich sie nicht in die Taschen stecke, die Arme nicht überkreuzen, aber auch nicht fuchteln sollte. Und natürlich: Was sage ich am besten und in welcher Form – was ist die perfekte Geburtstagsrede, wie danke ich der Mitarbeiterin, wie überzeuge ich einen Kunden, kurz: Wie erfülle ich die Erwartungen meines Publikums? Oder vielmehr: Wie erfüllt *man* die Erwartungen des Publikums? Wie man das macht, wie man dasteht und wie man einen Mitarbeiter verabschiedet, bedeutet im Umkehrschluss, dass es ein *Man* gibt, das festgelegt hat, wie man das macht. Es bedeutet, dass es einen Common Sense gibt, der eben festschreibt, wie man das macht. Wenn das so ist, ist es dann nicht ganz einfach? Dann braucht man ja nur diesen Common Sense zu kennen, und alles ist gut.

Leider stimmt das nicht. Der Common Sense ist furchtbar durchschnittlich, und wenn ich mir die durchschnittliche Präsentation so ansehe, kann ich nur dringend empfehlen, diesen Durchschnitt unbedingt zu vermeiden, weil er die Zuhörer langweilt und man dadurch als Redner auf der Bühne in Not gerät. Denn der Redner merkt natürlich, während er redet, dass die Zuhörer offensichtlich nur aus Höflichkeit nicht gehen (oder weil sie ihren Job riskieren würden). Doch wie kommt er aus der Nummer wieder heraus? Je stärker der Redner versucht, alles richtig zu machen, umso schlimmer wird es, weil auch der ganz richtige Durchschnitt immer Durchschnitt bleibt, und so hilft am Ende nur eins: die Flucht. Das geht nur leider nicht –

man kann ja nicht einfach mitten in der Rede gehen, obwohl das vermutlich ganz unterhaltsam wäre (und besser als alles davor). Daher nutzen Menschen auf der Bühne gerne eine Strategie, die ihnen auf den ersten Blick aus dieser Misere heraushilft: Die Strategie besteht darin, sich selbst aus der Schusslinie zu nehmen: »Die Rede ist gar nicht von mir ... Sorry, aber das Thema ist nun mal langweilig ... Keine Angst, ich bin gleich fertig ... Es geht hier nur um Inhaltsvermittlung ... Ich muss doch, sonst ist der Herr Meier beleidigt ... Ich bin kein Profi ... Ich mache es so, wie es alle machen, und das sollte ja wohl reichen.« Kurz: Wir stellen etwas als Schutzwall zwischen uns und die Zuschauer, das das vernichtende Urteil derselben auffängt oder hinter dem wir uns verstecken können.

Das geht aber leider nicht. Auf einer Bühne kann

Ups! Druckfehler? Seite vergessen zu bedrucken? Der Versuch, sich auf einer Bühne zu verstecken, ist etwa so erfolgreich, wie den Text im Buch hinter einer leeren Seite zu verstecken. Sie erreichen sogar das Gegenteil. Eine leere Seite ist ausgesprochen auffällig. Je mehr sich jemand auf einer Bühne zu verstecken versucht, umso auffälliger wird er.

Auf einer Bühne kann man sich nicht verstecken. Dennoch versuchen die Leute das ständig und hinter den unglaublichsten Dingen. Das beliebteste Versteckobjekt ist das Papier, auf dem der zu sprechende Text steht. Manchmal merkt der Redner beim Lesen, dass keiner wirklich zuhört, und das ist ihm dann so unangenehm, dass das Papier langsam nach oben wandert. Ich habe schon Redner gesehen, deren Gesicht vollständig hinter dem Papier verschwunden war. Menschen verstecken sich auf Bühnen hinter Flipcharts, Metaplanwänden, den eigenen verschränkten Armen oder hinter sich selbst. Neulich sah ich einen Lehrer tief gebückt und in Schleichstellung über eine riesige Bühne rennen, um einem Schüler ins Ohr zu flüstern, dass er mit seiner Präsentation langsam mal zum Ende kommen sollte, um dann ebenso gebückt und bemüht unscheinbar wieder zurückzuhechten. Niemand im Saal hat nicht ausschließlich auf den unsichtbaren Lehrer geblickt.

Das Rednerpult ist auch ein gern genutztes Versteckobjekt, zumal es neben den hervorragenden Eigenschaften als Versteck auch wunderbar als Bollwerk und Geschützstellung gegen das feindliche Publikum verwendet werden kann. Dazu stützt sich der Redner mit ausgestreckten Armen auf die vorderen Ecken des Pultes und beherrscht von dort seine Zuhörer. Die daraus resultierende Fixierung des Oberkörpers blockiert die Dynamik der Rede, die dann gerne in den Hintern wandert, der rechts und links vom Rednerpult hervorgefahren kommt. Ich habe schon die unglaublichsten Tänze hinter Rednerpulten gesehen. Die Vorstellung, vorne im drehbaren Geschützturm Rednerpult befinde sich ein Maschinengewehr, vollendet die wahre Funktionalität dieser Manuskriptablage (an deren Form sich schon manch ein Objektdesigner vergangen hat).

Spezialfall PowerPoint-Präsentation

Des Redners liebstes Versteckobjekt ist allerdings die PowerPoint-Präsentation. Das Funktionsprinzip ist einfach: Die PowerPoint-Folie wird kurzerhand zum Hauptdarsteller erklärt, und der Redner ist lediglich der Assistent oder Vertoner seiner eigenen Präsentation. Das geht so weit, dass Redner sich hinter das Publikum stellen, damit sie dessen freie Sicht auf das Bild nicht behindern. Unterstützt wird dieses Verhalten von Technikern und Menschen in der Nähe von Lichtschaltern, die trotz der beeindruckenden Lichtstärke moderner Projektoren beim Starten eines Beamers sofort versuchen, maximale Dunkelheit herzustellen. Der Redner wird nur noch als Störer seines eigenen Vortrages empfunden, und das ist offenbar auch seine Selbstwahrnehmmung.

PowerPoint-Präsentationen beginnen üblicherweise mit einer Startfolie, auf der sich neben verschiedenen Logos meist der Titel des Vortrages und mindestens ein Untertitel befinden, ferner der Name des Vortragenden, das Datum des Vortrages, der Ort, an dem man sich befindet, die Zahl der Folien der Präsentation und die Ordnerstruktur der Ablage des Computers des Vortragenden. Die meisten Leute wissen, wo sie sich befinden und welches Datum heute ist, die Ordnerstruktur des Computers des Redners ist für die meisten Zuhörer von beschränktem Interesse und die Seitenzahl schlicht eine Bedrohung. In der Regel sind sämtliche Informationen auf diesen Startfolien überflüssig – kurz: Kein Mensch braucht Titelfolien. Mir flößen sie sogar meistens Angst ein. Ich sehe die Folie, und etwas in mir zieht sich zusammen und sagt: »Uuhh – da muss ich jetzt wohl durch.« Wohlgemerkt: Ich denke nicht: »Wow – jetzt bin ich aber mal gespannt!« oder »Herrlich – jetzt eine Stunde zurücklehnen und gut entertaint werden!« Die letztere Haltung meines Publikums brauche ich aber als Vortragender, wenn ich will, dass jemand etwas lernt, behält, mitnimmt und so weiter. Die Angst, die die Titelfolie auslöst, wird dann von der zwanghaft der Titelfolie folgenden Agenda-Folie noch getoppt. Angeblich dienen Agenden der Struktur und dazu, dass das Publikum »orientiert« ist. Spätestens bei Punkt 3.2.4 habe ich aber jede Struktur und Übersicht verloren, und auch der Redner merkt beim Vortragen seiner Agenda schon, dass er das eigentlich alles noch gar nicht sagen wollte, fängt an zu springen, redet schneller, und das ist dann bereits das dramaturgische Ende des Vortrages. Jetzt hört zwar keiner mehr zu, aber nun folgen die Folien mit den Inhalten, die üblicherweise eine Anhäufung von Bulletpoints (auf Deutsch: Spiegelstriche) sind. Ich werde häufig gefragt, wie viele Bulletpoints denn auf eine Folie dürfen. Fünf oder sieben oder zehn? Die richtige Antwort lautet: Keiner! Das menschliche Gehirn ist nicht dafür ausgelegt, sich Listen zu merken. Unser Gehirn funktioniert in Bildern, Strukturen, Geschichten – nicht in Listen. Das wird schmerzlich deutlich, wenn ich versuche, Inhalte einer Nachrichtensendung mit zehn Meldungen wiederzugeben. Mehr als drei bekomme ich ohne Gedächtnistraining nicht zusammen. Gleichzeitig weiß ich die unglaublichsten Dinge über Justin Bieber, obwohl Justin Bieber mich nicht im Geringsten interessiert. Mein Gehirn hat sich dennoch die ganze Geschichte seiner letzten Verhaftung gemerkt. Es hat gelernt, und das ohne Aufwand, weil es eine Story war. Stellen Sie sich diesen Lernerfolg einmal für die zehn Verhaltensregeln für das Durchqueren einer Lagerhalle vor …

Hier ein kleiner Ausflug in die Gehirnphysiologie. Weil ich meine Diplomarbeit als Psychologe über subliminale, also unterschwellige Wahrnehmung verfasst habe, kenne ich mich da ein wenig aus: Bis ein

Reiz in unser Bewusstsein vorgedrungen ist, braucht er etwa 300 Millisekunden. Das Bewusstsein befindet sich im Neocortex, also ziemlich genau da, wo man die Hand drauflegt, wenn man »O mein Gott« denkt oder in einer Konferenz der fünften PowerPoint-Präsentation ausgesetzt wird. Alle Reize, die unser Gehirn durch das Sehen, Hören, Fühlen und so weiter erreichen, werden zuerst im Hirnstamm und im Mittelhirn voranalysiert. Der Hirnstamm, auch Reptiliengehirn genannt (im Englischen viel hübscher »Crocodile Brain«, kurz »Croc Brain«), analysiert den hereinkommenden Reiz auf zwei Fragestellungen hin: Ist das gefährlich? Oder: Kann man das essen? Andere Fragestellungen sind dem Krokodilgehirn nicht bekannt. Wenn ich also zu meinem Auto gehe, und plötzlich gibt es ein Geschrei, sagt mein Croc Brain: »Das ist (möglicherweise) gefährlich!« und gibt schon mal eine Information an das limbische System (das sitzt eine Etage höher im Mittelhirn), es solle den Beinen Bescheid sagen, dass die ein bisschen Sauerstoff vorhalten – denn es könnte ja sein, dass wir gleich weglaufen müssen. Dann führt das Mittelhirn eine Art Querschnittsanalyse durch: Woher kommt das Geräusch, wie weit ist das weg, wo steht eigentlich mein Auto, gibt es Fluchtwege und so weiter. Und dann – nach zirka 300 Millisekunden – ist der Neocortex an der Reihe, der feststellt, dass sich dort zwei Leute streiten, das aber mit meinem Auto nichts zu tun hat und sie sich auch in ausreichendem Abstand befinden, sodass ich also entspannt weitergehen kann.

Wenn wir einen Vortrag halten, dann denken wir, unser Neocortex – also unser Denk- und Analyseapparat – würde mit dem Neocortex der Zuhörer sprechen. Das stimmt nur leider nicht: Unser Neocortex spricht mit dem Krokodilgehirn der Zuhörer, und das kennt nur zwei Fragen: »Ist das gefährlich?« oder »Gibt es etwas zu essen?« Bei der Standard-PowerPoint-Folie eines durchschnittlichen deutschen Versicherungsunternehmens denkt zumindest mein Stammhirn: »Ich brauche zur Bewältigung meines Alltags schon so viel Prozessorleistung … sorry.« Ende der Aufnahmebereitschaft. Vorträge, zumindest wenn sie emotionalisieren, hängen bleiben, begeistern sollen, müssen auf der »Es gibt etwas zu essen«-Schiene funktionieren. Titelfolien und Agenden fallen aber grundsätzlich in die Kategorie »Das ist gefährlich!«.

Es gibt drei prinzipielle Missverständnisse zu PowerPoint-Präsentationen:

1. Der Vortragende ist lediglich Assistent seiner eigenen Folien (die er leicht verändert vorliest).
2. Der Vortragende glaubt, alle Informationen müssten auch auf den Folien zu lesen sein (da diese gleichzeitig als Handout dienen).
3. Der Vortragende glaubt, dass etwas, das gleichzeitig gehört und gelesen wird, besser erinnert wird, als wenn es nur gehört oder nur gelesen wird.

Das Problem beginnt bei **Punkt 1** mit dem üblichen weißen Hintergrund der Folien. Solche Folien lassen sich zwar leichter ausdrucken und als Handout missbrauchen als Folien mit schwarzem Hintergrund, haben jedoch einen entscheidenden Nachteil: Das Auge wechselt nicht gerne zum Redner, da die Pupille die Blende vergrößern muss, was anstrengend ist und blendet. Im Schnitt blicken Zuhörer bei weißen Hintergründen zu über 70 Prozent auf die Folien, während sie bei schwarzen Hintergründen zu 70 Prozent auf den Redner schauen. Wer ist der Hauptdarsteller, der Redner oder die Folie?

Ich habe schon viele Redner erlebt, die inhaltlich Sklaven ihrer Folien waren, die ihren Punkt, ihre Story, ihren Bogen gar nicht erzählen konnten, weil sie ständig noch sagen mussten, was ja auf den Folien steht. Wird die Folie zum Notizzettel, hat sich der schöne Bogen oder die spannende Dramaturgie erledigt. Das Grundprinzip einer gut erzählten Story ist ja, dass der Erzähler schon weiß, was kommt.

PowerPoint-Folien sind weder als Notizzettel noch als Handouts geeignet. Viele glauben, sie würden Arbeit sparen, wenn die Präsentation zugleich das Handout ist. Das genaue Gegenteil ist richtig. Der Aufwand, sich bei jedem Satz zu überlegen, ob der noch auf die Folie soll oder nicht – denn eigentlich will ich es gar nicht sagen, es muss aber doch irgendwo stehen, wenn es ja ausgeteilt wird –, ist groß und führt zu überfüllten Folien. Wenn man dann noch den Grundsatz berücksichtigen will, dass vollständige Sätze auf Folien nichts verloren haben (es sei denn, es sind Zitate, die dann aber auch genau so vorgelesen werden müssen, wie sie dastehen), ist das Scheitern garantiert.

Damit kommen wir zu **Punkt 2**: Wer verstanden hat, dass die Folie weder Notizzettel noch Handout ist, der hat auch begriffen, dass nicht alles auf die Folie gehört, sondern nur das, was seinem Vortrag dient. Und ja, liebe Unternehmensberater – das geht auch, wenn der CEO die Präsentation vorher sehen will: Weglassen ist nämlich nicht verboten.

Worauf sich auf Folien also wunderbar verzichten lässt: Titel, Seitenzahlen, Logos, Quellenangaben, Sternchen mit Fußnoten – kurz: alle Informationen, die nicht auf die Aussage der Gesamtpräsentation einzahlen.

Ich bekomme häufig Unternehmenspräsentationen zu sehen. Die ersten Folien erzählen meistens, wie viel Umsatz das Unternehmen macht, wie viele Mitarbeiter es beschäftigt, wie viele Standorte es hat und wo genau diese liegen, dann gibt es Angaben zur Historie, zum Gründer, zum präsentierenden Team und so weiter. Auf meine Frage, warum das alles präsentiert wird, bekomme ich meistens die Antwort: »Um die Leute zu informieren.« »Warum informieren?« »Damit die wissen, wer wir sind.« – »Und warum?« »Damit die unsere Glasflakons kaufen.« »Und wofür müssen die dann wissen, dass der Neffe des Gründers 1893 in Ittelfing den zweiten Produktionsstandort aufgemacht hat?« »???« »Und wofür müssen die wissen, dass die 500 Mitarbeiter auf zwölf Standorte verteilt sind, wobei zwei davon sich gerade noch im Aufbau befinden?«

Jede Aussage auf meinen Folien und in dem, was ich sage, muss auf die Botschaft und auf die Story meiner Präsentation einzahlen (siehe das Kapitel »Langweile nie dein Publikum«). So kann es durchaus sinnvoll sein zu zeigen, dass es über ganz Deutschland verteilt zwölf Standorte gibt, wenn ich damit sagen will, dass die Kunden nie weit fahren müssen, wenn sie die Produkte ab Werk kaufen möchten, oder dass schnelle Lieferzeiten garantiert werden können. Dann verwandelt sich Information in Botschaft. Information alleine ist überflüssig bis schädlich – es sei denn, es handelt sich um unterhaltsame Prokrastination oder nacktes Entertainment (was natürlich immer gut ist).

Punkt 3 ist inzwischen wissenschaftlich widerlegt. Der Grund dafür, dass das gleichzeitige Lesen und Hören nicht hilft, ist eine Aufmerksamkeitsdiffusion. Ich lese eben nicht das, was ich gerade höre, sondern hänge noch hinterher oder lese schnell voraus, denn ich weiß ja nicht, wann der Redner klickt. Als guter Entertainer muss ich den Fokus kontrollieren – wie ein Taschendieb, der genau weiß, dass alle gerade auf das rechte Bein achten, um dann in aller Ruhe die Uhr vom linken Arm zu klauen. Zerstreue ich den Fokus, überfordere ich die Aufmerksamkeit meines Publikums, und die Lernkurve sinkt.

Damit meine Aussagen und Botschaften in den Gehirnen meiner Zuhörer haften bleiben, muss ich dafür sorgen, dass diese Gehirne auf der »Es gibt was zu essen«-Basis funktionieren. Die Psychologen nennen das »heiße Kognitionen«. In dem Moment, wo mein Gehirn anfängt, zu grübeln und zu analysieren, werden meine Kognitionen kalt. Heiß sind sie, wenn sie affektiv aufgeladen und emotionalisiert sind. Deshalb muss ich erreichen, dass die Zuhörer an meinen Lippen hängen, nicht zu viel nachdenken und gemeinsame Bilder vor ihren inneren Augen sehen. Einsetzen kann ich dafür alles, was Aufmerksamkeit erzeugt, berührt, fasziniert, erstaunt, ärgert, begeistert – kurz alles, was emotionalisiert und das Aktivierungsniveau des Gehirns anhebt. Das gelingt am besten mit Geschichten, tollen Bildern, Filmen, Musik, faszinierenden Strukturen, Offenbarungen und echten Emotionen – und natürlich mit *Sex and Crime*. Es funktioniert nicht mit Listen, Zahlenwüsten, Excel-Tabellen, rationalen Kausalketten, Inhaltsverzeichnissen, Titeln, Microsoft-Clip-Arts und Vielen-Dank-für-Ihre-Aufmerksamkeit-Folien.

Zum Schluss noch eine gute Nachricht: 90 Prozent aller Präsentationen sind grauenhaft. Die Latte hängt also sehr tief. Natürlich braucht es ein wenig Aufwand für eine gute Präsentation – auf jeden Fall aber weniger als für eine schlechte.

Frei oder abgelesen?

Ein paar Worte zum Thema »ablesen«: Es gibt Leute, die schreiben eine Rede, und zuoberst steht: »Sehr geehrte Damen und Herren«, und das lesen sie dann vor. »Sehr geehrte Damen und Herren« klingt vorgelesen aber ganz anders als frei gesprochen. Meist folgt dann noch ein Blick ins Publikum, dessen einzige Funktion darin besteht, das ungeschriebene Gesetz, man müsse immer mal wieder ins Publikum schauen, zu erfüllen. Dieser Blick ist entsprechend sinnlos und erzielt einen unerwünschten Effekt: Er macht dem Publikum Angst. Richtig angewandt dient der Blick ins Publikum dazu, eine Beziehung zum Publikum herzustellen. Wenn es kein Blick ist, der eine echte Beziehung herstellen will oder kann, ist er überflüssig. Überhaupt ist es nicht ungefährlich, ins Publikum zu schauen, denn bei der Rückkehr aufs Blatt findet der Redner oft nur einen wirren Haufen von Buchstaben vor.

Die Sache mit dem Blick kann nur funktionieren, wenn Sie das, was Sie vorlesen, dem Publikum auch wirklich sagen wollen. Dann finden Sie auch die Zeit, richtig ins Publikum zu schauen. Die dadurch entstehende Pause ist zwar lang, doch da die Gehirne der Zuhörer eh hauptsächlich in den Sprechpausen arbeiten, brauchen Sie keine Angst zu haben, das Publikum würde jetzt schlagartig an Langeweile zugrunde gehen. Die Pause nach einem Punkt können Sie erstaunlich lang ausdehnen, vorausgesetzt, Sie haben die letzten Worte wirklich ins Publikum gesendet. In meinen Workshops gebe ich den Teilnehmern oft einen kleinen Ball, den sie mit dem letzten Wort (nicht danach!) ins Publikum werfen sollen. Die Pause trägt, bis der Ball zurückgeflogen gekommen ist. Auf der Bühne vergeht die Zeit schneller als im Publikum, daher sollten Sie sich auf der Bühne auch besonders viel Zeit nehmen – dann ist es gerade richtig.

Es heißt allgemein, dass eine freie Rede besser sei als eine abgelesene. Ich habe allerdings schon 90-minütige abgelesene Reden gehört und war vom ersten bis zum letzten Satz gebannt und traurig, als es vorbei war, und ich habe schon fünfminütige freie Reden gehört und bin nach einer Minute eingeschlafen. Es gibt auch Sachverhalte, die lassen sich geschrieben einfach besser formulieren – warum dann frei fabulieren? Auf die Frage »Frei oder abgelesen?« kommt es gar nicht an. Nur darauf: Stehen Sie zu dem, was Sie machen. Eine Anrede wie »Sehr geehrte Damen und Herren« kann sich jeder merken, die muss man nicht aufschreiben und ablesen. Aber dann: ehrlich lesen oder ehrlich frei sprechen. Auch beides abzuwechseln ist gut. Sich selbst im Lesefluss zu unterbrechen und eine kleine Geschichte zu erzählen ist noch besser. Mitten im Text das Manuskript zu zerreißen und über etwas anderes zu sprechen ist dann Königsklasse.

Liebe dein Publikum so wie dich selbst

Es gibt einen Leitsatz für Komiker: »Geh nie auf eine Bühne, um lustig zu sein! Denn was machst du, wenn keiner lacht?« Der Satz lässt sich verallgemeinern: Geh nie auf eine Bühne, um eine Wirkung zu erzielen – denn was machst du, wenn du sie nicht erzielst?

Der zweite Leitsatz für Komiker lautet: »Gehe stets auf eine Bühne, um eine Beziehung herzustellen – und wenn du ein Komiker bist, werden die Leute lachen.« Wenn ich mich auf die Beziehung zum Publikum konzentriere, verschiebt sich der Fokus. Die Fragen lauten dann nicht: »Wie stehe ich da, wie halte ich meine Hände, wie spreche ich korrekt, wie klingt meine Stimme?«, sondern: »Wer sitzt da überhaupt, was will ich dem erzählen, hört er mir zu, was muss ich tun, damit er zuhört?«

Wenn ich eine echte und gute Beziehung zu meinem Publikum aufgebaut habe, wird schon die Wirkung entstehen, die ich brauche.

2. Entspanne dein Publikum, indem du dich selbst entspannst

 Vor Kurzem besuchte ich in der Elbphilharmonie ein wunderbares Konzert von Benjamin Britten: *Curlew River*. Auf der Bühne stand ein Kammerorchester mit kleiner Orgel. Zu Beginn wurde das Licht gedimmt, und rund 20 Sänger zogen mit gregorianisch anmutenden Chorälen durch die Aufgänge des wunderbaren Konzertsaales ein. Als sie auf der Bühne angekommen waren, hatte der Organist seinen Einsatz. Würdevoll griff er in die Tasten – allein es passierte nichts. Der arme Organist erstarrte sichtlich. Er versuchte es noch einmal, vergeblich. Daraufhin bewegte er sich unsichtbar zum Bühneneingang und öffnete die Tür. Gleißendes Licht fiel herein. Der Organist sagte etwas zu einem Menschen, der hinter der Tür stand, aber offensichtlich keine Ahnung hatte und nur hilflos mit den Achseln zuckte. Also kehrte der Musiker zu seinem Instrument zurück und begann nun, im Halbdunkel um die Orgel zu kriechen. Er suchte den Anschaltknopf, den er glücklicherweise auch fand. Das Konzert konnte weitergehen.

Physiologisch betrachtet passierte mit dem Organisten vermutlich Folgendes: Als er merkte, dass die Orgel nicht funktionierte, blieb seine Atmung stehen, die Pupillen weiteten sich, der Puls ging schlagartig nach oben, das Reptiliengehirn bemerkte Gefahr und schickte Sauerstoff in die Extremitäten, während das Mittelhirn schon mal anfing, Fluchtwege zu sondieren. Darüber hinaus verringerte sich der Hautleitwiderstand, da die Poren sich mit Schweiß füllten. Vermutlich hoben sich auch seine Schultern leicht nach oben, und der Solarplexus zog sich nach innen – kurz: Der Mann hatte Stress.

Doch was passierte im Moment des Fehlers physiologisch mit dem Publikum? Im Deutschen gibt es den wunderbaren Begriff des Fremdschämens. Das empathische Publikum zuckt zusammen, es denkt: »O Gott, wie furchtbar, der arme Kerl, hoffentlich findet sich schnell eine Lösung!« Die Zuhörer atmen schnell ein, wobei die Luft leicht hörbar durch die Zähne streicht und sich das Zwerchfell nach oben bewegt, sodass auch die Schultern leicht nach oben gehen, halten dann die Luft an, die Pupillen weiten sich, der Puls steigt, kurz: Dem Publikum widerfuhr physiologisch dasselbe wie dem Organisten. Es spiegelte ihn. Sicher haben Sie es bereits erlebt, dass jemand, den Sie mögen, auf eine Bühne musste und das Blatt in seiner Hand vor Nervosität so zitterte, dass Sie nicht sicher waren, ob er es noch bis zum Ende seiner Rede schafft. In dem Moment ging es Ihnen vermutlich so wie der Person auf der Bühne.

Das empathische Publikum spiegelt die emotionale Situation des Redners. Ist der Redner nervös, ist das Publikum auch nervös, hat der Redner Angst, hat das Publikum auch Angst, ärgert sich der Redner, ärgert sich das Publikum auch (gerne über den Redner). Die gute Nachricht: Entspannt sich der Redner, entspannt sich auch das Publikum! Denken Sie an wirklich gute Moderatoren oder Entertainer. Wenn so jemand die Bühne betritt, lehnt sich das Publikum zurück und denkt: Herrlich, da könnte ich jetzt stundenlang zuhören. Für die Bühne gilt daher folgende Regel: Entspanne dein Publikum, indem du dich selbst entspannst (wobei mit entspannt nicht unterspannt gemeint ist!).

Doch wie geht das? Wie entspannt man sich selbst, wenn man nervös und unter Druck ist, weil man eine gute Präsentation abliefern muss, an der wichtige Entscheidungen hängen – wie bitte schön soll man sich da entspannen?

Zuerst einmal müssen Sie aus der Defensive in die Offensive kommen. Nervosität, Angst vor dem Scheitern oder die Furcht vor dem Urteil anderer drängen uns in die Defensive. Wir versuchen, alles richtig zu machen und dem Bild der anderen zu entsprechen. Unser Verhalten wird also reaktiv. Das ist jedoch wenig hilfreich, wenn man faktisch der einzige Agierende ist. Ich sehe häufig Menschen, die auf der Bühne auf imaginierte Gedanken ihrer Zuschauer reagieren. Natürlich muss ich antizipieren, was meine Zuschauer denken, doch damit muss ich offensiv umgehen. Ich muss steuern, was mein Publikum denkt und fühlt. Doch wie komme ich in die Offensive? Da mein Feind ja ein imaginierter ist, muss die Lösung irgendwo in mir selbst verborgen liegen.

Der Feind in mir

Unternehmen wir einen kurzen Ausflug in die Psychologie: Am Ende meines Studiums habe ich eine Zeit lang in einer verhaltenstherapeutischen Praxis gearbeitet, die sich auf Patienten spezialisiert hatte, die unter Phobien litten, zum Beispiel Höhenangst, Platzangst oder Spinnenphobie. Eine der besten Therapieformen war das sogenannte Bio-Feedback. Hierbei wird der Patient mit Elektroden an einen Computer angeschlossen, und seine Körperfunktionen – wie Herzschlag, Hautleitwiderstand oder Atmung – werden sichtbar gemacht. Die Herzfrequenz wird etwa mit einer Blüte gekoppelt. Steigt die Frequenz, schließt sich die Blüte, sinkt die Frequenz, öffnet sie sich. Der Patient erhält nun die Aufgabe »Machen Sie die Blüte auf!«. Daraufhin geht sie zunächst einmal zu. Das Öffnen der Blüte gelingt nur, wenn der Patient lernt, seinen Herzschlag zu steuern. Er ist eine vegetative Funktion seines Körpers, die sich üblicherweise dem Zugriff durch das Bewusstsein entzieht. Hat der Patient gelernt, einige wichtige vegetative Körperfunktionen zu kontrollieren, wird er langsam Angstsituationen ausgesetzt und dann dazu angehalten, seine aufdrehenden Körperfunktionen unter Kontrolle zu bringen. Die Idee dahinter ist, dass Phobien Konditionierungen sind – so wie bei Pawlow, seinem Glöckchen, seinem Hund und dessen Speichelfluss. Es gab einmal einen angstauslösenden Reiz, ein traumatisierendes Erlebnis. In diesem Moment reagiert der Körper mit Panik und Stress: Adrenalin wird ausgestoßen, Schweiß bricht aus, das Herz rast, die Atmung bleibt stehen und so weiter. Diese physiologischen Reaktionen koppeln sich mit dem auslösenden Reiz. Von jetzt an reagiert der Körper jedes Mal, wenn der Reiz kommt, mit den entsprechenden konditionierten physiologischen Reaktionen, und der Kopf denkt: »Aha – ich habe Angst!« Es ist also genau umgekehrt, als wir vermuten. Der Patient bekommt nicht Angst durch die Spinne, sondern sein Körper reagiert auf die Spinne mit allen möglichen Reaktionen, die wir als Angst interpretieren. In der Therapie wird die Konditionierung gelöscht, und die Angst ist weg. Ich bin mit Leuten, die schon auf einer Trittleiter panische Höhenangst bekamen, auf den Kölner Dom gestiegen, und ein Kollege ist mit Flugangstpatienten Loopings geflogen.

Wer hat die Kontrolle?

Die amerikanische Sozialpsychologin Amy Cuddy beschreibt in ihrem Buch *Presence* ein hübsches Experiment, in dem Probanden gebeten wurden, vor einem Bewerbungsgespräch für zwei Minuten Siegerposen oder Angst- und Unsicherheitsposen einzunehmen. Signifikant mehr Teilnehmer, die zuvor Siegerposen eingenommen hatten, bekamen den Job.

In meinen Workshops mache ich häufig eine Übung, in der ich mit allen Teilnehmern den Beginn einer Party spiele. Man trifft alte Freunde, betreibt Small Talk, begrüßt sich. Dann bilde ich zwei Gruppen, und wir wiederholen die Übung. Dieses Mal soll allerdings die eine Gruppe einen Fuß leicht nach innen drehen, in die Brust einatmen und die Luft in der Brust behalten und sich immer wieder ins Gesicht fassen, um sich zu kratzen oder die Haare aus dem Gesicht zu streichen, und die andere Gruppe soll einen Fuß leicht ausdrehen, nicht blinzeln und das Gegenüber immer wieder mal freundschaftlich an der Schulter anfassen. Anschließend berichten die Teilnehmer regelmäßig, dass sie in der zweiten Gruppe das Gespräch geleitet haben, sich wohl fühlten und in vollständigen Sätzen sprachen, während sie in der ersten Gruppe kaum einen geraden Satz herausbrachten, sich unsicher fühlten und nicht so recht wussten, wohin mit sich.

Wir glauben zwar, dass unser Kopf unseren Körper steuert, aber wir unterschätzen völlig, wie sehr unser Körper auf unseren Geist wirkt.

Meister aller Gewichtsklassen

Zurück zur Bühne: Viele Menschen, die eine PowerPoint-Präsentation halten, drehen ihren Körper in einem 45-Grad-Winkel von der Bühnenkante in Richtung Leinwand und verlagern ihr Gewicht auf ein Bein, meist das der Leinwand nähere. Wenn ich mein Gewicht auf ein Bein verlagere, wandert der Druckpunkt in die Ferse, das Knie ist durchgestreckt, und es entsteht eine Achse von der Ferse bis in die Schulter, die den Redner quasi im Boden fixiert. Die meisten verbleiben in dieser Pose bis zum Ende der Präsentation. Dauert die Präsentation länger, wechseln sie vielleicht mal das Standbein. Es gibt auch Leute, denen einmal jemand gesagt hat, sie sollten auf beiden Beinen stehen. Sie befolgen das auch brav, haben ihr Gewicht aber dennoch auf ihre Fersen verlagert. Sobald das Gewicht allerdings auf der Ferse liegt, strecken sich die Knie durch. Das verhindert jegliche Dynamik. In allen Sportarten lernen wir, dass wir das Gewicht vorne halten müssen. In Rücklage bekommen Sie kaum Kontrolle über Skier, Tennis- oder Fußbälle. Jeder Golflehrer zwingt Sie in eine Haltung, bei der das Gewicht vorne ist. Versuchen Sie mal, in Rücklage zu boxen. Sie bekommen keine Kraft hinter den Schlag. Sobald Sie das Gewicht hinten haben, sind Sie in der Defensive. Hat man das Gewicht hinten, kann man übrigens sehr leicht rückwärtslaufen. Deswegen sieht man so häufig Menschen auf Bühnen rückwärtsgehen.

Wenn also »Gewicht hinten« Defensive bedeutet, sind die betreffenden Redner entweder tatsächlich in der Defensive, oder ihr Körper vermittelt ihnen und ihren Zuschauern den Eindruck von Defensive. Beim Redner selbst führt dies zu Nervosität, zu leisem Sprechen, fehlender gerichteter Kraft und Verlust an Dynamik sowie monotonem Sprechen. Spricht jemand monoton, nützt es übrigens nichts, ihm zu sagen, er solle weniger monoton sprechen, also seine Stimme modulieren oder Ähnliches, denn das monotone Sprechen ist nicht die Ursache des Problems, sondern das Symptom. Beim Publikum, das ja die emotionale Situation des Redners spiegelt, führt die Defensive des Redners dazu, dass es sich unwohl, unangenehm berührt, nicht entspannt und schließlich gelangweilt fühlt.

Der Weg aus der Defensive heraus führt unter anderem ebenfalls über den Körper. In den vielen hundert individuellen Coachings, die ich in den letzten Jahren durchgeführt habe, war meine vermutlich häufigste korrektive Frage: Wo haben Sie gerade Ihr Gewicht? Die schlichte Verlagerung des Gewichtes von der Ferse zum Mittelfuß hat schon erstaunliche Auswirkungen. Probieren Sie es mal aus! Winkeln Sie die Unterarme etwa 90 Grad nach vorne an, legen Sie die Hände ineinander oder nehmen Sie einen Stift in beide Hände. Dann verlagern Sie Ihr Gewicht auf den Mittelfuß. Stellen Sie sich außerdem vor, neben dem eigenen Rückgrat befänden sich noch zwei weitere Rückgrate aus beweglichem Stahl, und ihr Zugriff auf das Publikum verändert sich grundlegend. Ihre Nervosität verschwindet.

Angewinkelte Arme signalisieren übrigens stets größere Aktivität, und das ist für die Bühne grundsätzlich gut. Kommen Sie also immer mit angewinkelten Armen auf die Bühne und gestikulieren Sie mit den Händen zwischen Gürtellinie und Schulter. Das sieht nie nach Gefuchtel aus. Gefuchtel entsteht, wenn die Hände diesen Bereich verlassen.

Lost in space

Vor einiger Zeit sah ich eine Aufnahme von Dieter Zetzsche, wie er bei einer Veranstaltung auf einer großen Bühne eine Rede hielt. Es war eine riesige Bühne, Herr Zetsche kam herein, verfolgt von einem Scheinwerferkegel, und blieb dann irgendwo mitten auf dieser Bühne stehen, um seine Rede zu halten. Hätte er nicht so einen prachtvollen Schnurrbart, er wäre auf der Bühne glatt verloren gegangen. Ich wunderte mich, wie ihn jemand an so einem Nicht-Ort positionieren konnte. Schlechte Regisseure erkennt man unter anderem daran, dass ihre Figuren im Raum verloren sind. Bühnenräume funktionieren ähnlich wie Bilder: Sie folgen bestimmten Gesetzmäßigkeiten. In der klassischen Renaissancemalerei lassen sich diese Prinzipien wunderbar studieren. Ein professioneller Kameramann setzt den Fokus des Bildes so gut wie nie in die Mitte, sondern stets aus der Mitte heraus, gerne in den Goldenen Schnitt (daran kann man übrigens gut Laienfilmer und Profis unterscheiden – bei Laien findet alles immer in der Mitte statt).

Die Mitte der Bühne ist energetisch nicht besonders stark und dient bestenfalls als Ruhepol. Einen Königsthron kann man ganz gut in die Mitte stellen. Doch die Handlung sollte stets außerhalb der Mitte stattfinden. Darüber hinaus brauchen Figuren auf der Bühne Halte-punkte. Rednerpulte sind da ganz hilfreich, Flipcharts – überhaupt alles, was Bühnenbild ist (wobei ich hier unter Bühnenbild alles verstehe, was den Raum strukturiert, ein Rednerpult ist also ein Teil des Büh-nenbildes). Gibt es kein Bühnenbild, sondern nur einen großen, leeren, schwarzen Raum, so gibt es nur noch sehr wenige Haltepunkte: die Raumlinien – also die Mitte, der Goldene Schnitt –, die Rand- und Auf-trittsbereiche sowie die Rampe, also die vordere Bühnenbegrenzung zum Publikum. Mit der Rampe lässt sich gut spielen, ja fast flirten: Wenn Sie sich beim Reden an der Rampe entlangbewegen, haben Sie automatisch das Gewicht vorne, und der leere Raum hinter ihnen hat dann kaum Relevanz.

Menschen verhalten sich immer zu den Räumen, in denen sie sich bewegen. Das geschieht meist unbewusst. Unsichere Menschen drü-cken sich an der Wand entlang, vermeiden direkte Wege und stellen sich gern ins Dunkel, während selbstbewusste und dominante Menschen viel Raum einnehmen, den Raum zu kontrollieren suchen und sogar Möbel beiseiteschieben, wenn diese ihre Raumkontrolle stören. Auch Funktionen sind im Raum in der Regel klar sortiert. Diener stehen bei-spielsweise immer neben der Tür und parallel zur Wand. Sie müssen den Raum schnell verlassen können, um etwas zu holen, oder auf je-manden reagieren können, der gerade hereinkommt. Diener müssen im Raum möglichst unsichtbar sein, also wie ein Möbelstück wirken. Möbelstücke stehen in der Regel parallel zur Wand. Ein Butler des eng-lischen Königshauses hat einmal auf die Frage, was einen guten Die-ner ausmache, geantwortet: »Wenn der Diener den Raum betritt, wird der Raum leerer.«

Die Bühne bereiten

Da ich in letzter Zeit viele Veranstaltungen als Moderator begleiten durfte, ist mir aufgefallen, wie wenig Aufmerksamkeit (und am Ende auch Know-how) den Fragen von Raum und Bühnenbild gewidmet wird. Bei Podiumsdiskussionen fallen den Leuten in der Regel nur in einem Halbkreis aufgestellte Sessel mit Tischchen dazwischen ein. Schon bei der Frage, ob der Moderator besser in der Mitte oder am Rand sitzen sollte, herrscht dann Ratlosigkeit, die von Willkür abgelöst wird. Dabei hat auch hier das Setting eine Wirkung auf die Podiumsteilnehmer und damit dann auf das Publikum. Bei einer großen Veranstaltung in der Ruhrhalle in Bochum haben wir einmal das Bühnenbild des Theaterstücks *Bochum*, nämlich eine Kneipe, auf einen Teil der Bühne gestellt und drei Podiumsdiskussionen in dieser Kneipe abgehalten, an Kneipentischen und am Tresen. Da ein Ausschnitt des Theaterstücks auch gespielt wurde, war das auch inhaltlich sinnvoll. Trotz der 3500 Zuschauer stellte sich auf der Bühne eine Art Kneipenatmosphäre ein. Das hatte den Effekt, dass die Podiumsteilnehmer viel entspannter und offener waren, als sie es in einem klassischen Setting gewesen wären. Ich fühlte mich wohl auf der Bühne, meine Gäste ebenfalls, und das Publikum war begeistert. Im Rahmen einer anderen Großveranstaltung haben wir einmal einen Marktplatz mit vielen Ständen und einem kleinen Straßencafé auf der Bühne gebaut. In den Pausen gingen die Besucher von Stand zu Stand, und zur Podiumsdiskussion trafen wir uns im Café. Kleine Andeutungen, die den Raum definieren, reichen völlig – schon entspannt sich der ganze Saal. Früher dachte ich, es wäre nur mein Spleen, wenn ich mal wieder ein Rednerpult 20 Zentimeter nach links verschob. Nach vielen Jahren aufmerksamer Beobachtung (und vieler heimlicher Versuche) weiß ich heute, welch große Bedeutung die gute Komposition eines Raumes für den Gesamteindruck hat.

3. Mach Fehler und bleib glücklich

Im Amerikanischen gibt es die *famous five Ps*: »Proper Preparation Prevents Poor Performance«. Eine gute Vorbereitung verhindert einen schlechten Auftritt, das stimmt natürlich – in der Theorie. In der Praxis ist es leider völlig egal, wie gut man sich vorbereitet, denn es geht trotzdem ständig etwas schief: Das Licht geht aus, der Beamer funktioniert auf einmal nicht mehr, der Computer teilt mitten in der Präsentation mit, dass die Java-Konsole dringend upgedatet werden muss, ein Scheinwerfer fällt von der Decke, jemand stellt blöde Zwischenfragen, man hat plötzlich den Text vergessen, jemand kommt mit dem Staubsauger auf die Bühne und sagt »Oh, Entschuldigung – ich dachte, es sei schon vorbei …« und geht wieder raus. Oder mitten in der Liveübertragung im Fernsehen sagt der Herr, der gerade den Deutschen Fernsehpreis für sein Lebenswerk erhalten soll, er wolle, nach allem, was er an dem Abend schon gesehen habe, das Ding nicht haben (das war der legendäre Marcel Reich-Ranitzki). Oder man möchte Ministerpräsident in Nordrhein-Westfalen werden, ist zu einer Talkshow eingeladen und sagt dort den Satz »Bedauerlicherweise entscheidet das nicht die CDU, sondern der Wähler entscheidet«, worauf der Moderator sofort nachhakt: »Bedauerlicherweise?« – und man mit seinem entschuldigenden Gestammel alles nur noch schlimmer macht (so geschah es Norbert Röttgen). Oder man ist BBC-Experte für Korea, und mitten im seriösen Interview kommen im Hintergrund erst die beiden Kinder hereingelaufen und dann stürzt die panische Frau herein, die die Kinder wieder hinauszerrt. Oder bei der Oscar-Verleihung ist der falsche Zettel im Umschlag …

How fascinating!

Fehler passieren, Sachen gehen schief – da können Sie sich noch so gut vorbereiten. Daher ist die Frage, wie ich verhindere, *dass* etwas schiefgeht, gar nicht so interessant. Die viel interessantere Frage ist: Was mache ich, *wenn* etwas schiefgeht? Die schönste Antwort darauf stammt von Benjamin Zander, dem ehemaligen Chefdirigenten des Boston Philharmonic Orchestra. Im Rahmen eines Workshops verspielte sich ein junger Cellist, und Zander sagte sinngemäß: »Du hast dich gerade verspielt. Erinnerst du dich? Du hast ein Stück ausgelassen und hast das Gesicht verzogen. Menschen verziehen oft ihr Gesicht, wenn sie einen Fehler machen. Ich empfehle Folgendes: Wenn du einen Fehler machst, mach dies.« Zander reißt die Arme nach oben und ruft: »How fascinating!!« Dann fügt er hinzu: »Wenn du einen Fehler machst, zieht dein Körper dich nach unten. In dem Moment musst du dich dem entgegenstrecken und ›How fascinating‹ sagen.« Denn im Moment des Fehlers kommt es ganz auf die innere Haltung an. Da können Sie noch so viele Schlagfertigkeitsbücher gelesen haben – die perfekte Antwort fällt Ihnen leider doch erst nach der Veranstaltung ein, im Auto auf der Rückfahrt oder unter der Dusche. Warum hatten Sie diese Idee nicht, als der Fehler passierte? Weil Ihr Gehirn gar nicht in Betrieb war.

Unternehmen wir mal wieder einen kleinen Ausflug in die Neurowissenschaft. Im Moment eines Fehlers übernimmt das Stammhirn das Kommando vom Neocortex, der unser bewusstes Handeln steuert. Unser Stammhirn kennt ja nur die zwei Fragen: »Ist das gefährlich?« oder »Gibt es was zu essen?« Wenn die Frage »Ist das gefährlich?« mit Ja beantwortet wird, wird dem Neocortex die Steuerungshoheit entzogen und seine Funktionalität zugunsten von Fluchtweganalyse, Versorgung der für die Flucht benötigten Extremitäten mit Sauerstoff sowie Ausschüttung von Adrenalin radikal reduziert. Gerade im Moment eines Fehlers benötige ich aber das gesamte Potenzial der großartigen Assoziationsmaschine Neocortex und nicht deren weitgehende Stilllegung. Dieses Potenzial kann ich nur freisetzen, wenn ich eine innere Haltung dem Fehler gegenüber habe, die auf die Frage »Ist das gefährlich?« die Antwort »Nein!« gibt. Diese innere Haltung können wir trainieren. Wir beginnen damit, uns vor einem Auftritt bewusst zu verschreiben: Wenn ein Fehler passiert, muss ich erstaunt sein, innerlich die Arme hochreißen und denken: »Wie abgefahren ist das denn? Huiuiuiuiui – da bin ich ja mal gespannt, wie ich da wieder rauskomme!« Und dann mit bester Laune das Naheliegendste sagen. Ein Fehlglaube ist, dass schlagfertige Antworten originelle Einfälle wären. Das Gegenteil ist richtig. Es ist das Naheliegende, was lustig ist – originell ist meistens nur dämlich. Je öfter wir dieses Programm durchführen, umso mehr wird es zu einem befreienden Automatismus.

Wie gesagt, Fehler passieren. So zu tun, als wäre nichts geschehen, ist keine gute Strategie, besonders wenn alle längt gemerkt haben, dass etwas passiert ist. Als Beispiel hier eine typische Laientheaterszene: Ein Schauspieler hat einen Hänger. Die Souffleuse in der ersten Reihe (die meist als Letzte im Saal den Hänger bemerkt) flüstert: »Ich werde dich …« Darauf der Schauspieler ebenfalls flüsternd: »Was??« Sie (lauter): »Ich werde dich gleich umbringen!« Er (lauter): »Was???« Sie (flüstert nun, so laut sie kann): »Ich! Werde! Dich! Gleich!« Er (flüsternd) »Ach ja …« Und dann laut: »Ich werde dich gleich umbringen!«

Was passiert hier? Jemand hat einen Hänger. Das ist nicht schlimm, es kommt vor. Was aber dann passiert, ist eher peinlich: Der Schauspie-

Es gibt kein menschliches Versagen!

Am 27. März 1977 steht ein Jumbo-Jet der niederländischen Fluggesellschaft KLM auf der Startbahn des Flughafens Los Rodeos auf Teneriffa. Im Cockpit sitzen der 50-jährige Flugkapitän van Zanten, der 32-jährige Kopilot Meurs sowie ein Flugingenieur. Van Zanten ist Chefpilot von KLM und einer der erfahrensten Flugzeugführer der Fluggesellschaft. Kopilot Meurs ist erst zwei Monate zuvor von ihm auf diesen Flugzeugtyp geschult worden.

Der Kapitän hat es eilig. Zuvor war das Flugzeug nach Teneriffa umgeleitet worden, ebenso wie vier weitere Maschinen, da der eigentliche Zielflughafen auf Gran Canaria kurzfristig gesperrt worden war. Wegen der ungeplanten Zwischenlandung laufen sie Gefahr, die maximale Crew-Dienstzeit zu überschreiten. Das würde bedeuten, dass sie nicht mehr nach Amsterdam zurückfliegen dürften.

ler und die Souffleuse nehmen eine Auszeit aus dem Raum-Zeit-Kontinuum und halten ihren Flüsterdialog ab, während der ganze Zuschauerraum denkt: »Na ja – sind halt Laien …« Wenn ich mit Laien arbeite, sage ich der Souffleuse immer, sie soll den Text laut hineinrufen. »ICH WERDE DICH GLEICH UMBRINGEN!« Das gibt dem Schauspieler die Gelegenheit zu einer spontanen Reaktion – er kann sie anschauen und rufen: »Ganz genau!«, und an seinen Spielpartner gewandt: »Und dich auch, du Sau!« – und das Publikum lacht und ist glücklich. Das funktioniert, wenn Sie im angstfreien Modus auftreten, in dem Fehler keinen Fluchtimpuls auslösen, sondern den inneren Jubelruf: »How fascinating!«

Als Marcel Reich-Ranicki wie oben erwähnt den Deutschen Fernsehpreis ablehnte, was so ungefähr der größte anzunehmende Unfall

Ein zweiter Jumbo-Jet der amerikanischen Fluggesellschaft PanAm rollt gleichzeitig über den Flughafen, auf dem Weg zum Start. Zu diesem Zeitpunkt ist – für die Region nicht untypisch – starker Nebel aufgezogen.

Der Kopilot der KLM-Maschine meldet dem Tower über Funk Startbereitschaft (»We are now at take-off«). Kapitän van Zanten beginnt zu beschleunigen. Der junge Kopilot warnt, dass sie noch keine Startfreigabe vom Tower hätten. Doch der eilige Kapitän kanzelt ihn ab mit dem Hinweis, dass ihm das klar sei und er sie eben einholen solle. Der Kopilot erbittet daraufhin vom Tower zunächst die ebenfalls noch nicht erteilte Streckenfreigabe, also die Information, auf welchem Weg die KLM-Maschine nach dem Start fliegen soll. Diese wird auch übermittelt, allerdings noch ohne die Startfreigabe. Noch während der Kopilot die Streckenfreigabe im Funk bestätigt, beschleunigt Kapitän van Zanten weiter. In diesem Augenblick kommt es zu einer folgenschweren Funküberlagerung: Der Kapitän des PanAm-

im Rahmen einer Preisverleihung ist, sah man förmlich, wie der moderierende Thomas Gottschalk sich freute. Mit bester Laune unterbreitete er dem strengen Literaturpapst den Vorschlag, mit allen anwesenden Intendanten im Fernsehen eine Stunde über die Qualität des Programms zu sprechen und so lange auf den Preis aufzupassen, bis dies stattgefunden habe. Eine brillante Moderation, für die Gottschalk nicht nur die Zustimmung Reich-Ranickis erhielt, sondern womit er auch den ganzen Abend rettete. Fehler sind das Beste, was passieren kann, doch man muss lernen, sie zu surfen wie eine Welle. Norbert Röttgen hätte auf die Nachfrage »Bedauerlicherweise?« mit einem »Natürlich – finden Sie das nicht bedauerlich?« antworten können. Dann hätte der Ball wieder beim Moderator gelegen, der hätte offenbaren müssen, dass er keine Ironie versteht. Eine Paradeszene für »Mach Fehler und bleib glücklich!« hat Barack Obama geliefert, als während einer Rede

Jumbos, der auf dem Weg zur Startposition ein kleines Stück über die Startbahn rollen muss, teilt dem Tower mit, dass er noch immer auf der Startbahn rollt, während der Tower gleichzeitig dem KLM-Jumbo mitteilt, er solle noch warten, bis er die Startfreigabe erhält. Im KLM-Cockpit hört man nur ein schrilles Pfeifen.

Dem Flugingenieur dämmert, dass etwas nicht stimmt, und er fragt gleich zwei Mal nach, ob der PanAm-Jumbo schon von der Startbahn gerollt sei, was Kapitän van Zanten nachdrücklich und genervt bestätigt. Zu Unrecht. Sekunden später kollidiert der KLM-Jumbo mit der gerade von der Startbahn rollenden PamAm-Maschine. 583 Menschen sterben in dem Feuerball. Es ist bis heute das nach Opfern schwerste Flugzeugunglück in der Geschichte der zivilen Luftfahrt.

Die Schlussfolgerung ist klar: Ein klassischer Fall von menschlichem Versagen. Der erfahrene Flugkapitän van Zanten ist ohne Startfreigabe gestartet und hat gleich mehrere berechtigte Warnungen seiner Kollegen in den Wind geschlagen. Sehr, sehr tragisch, aber gegen menschliche Fehler ist kein Kraut gewachsen – hätten viel-

plötzlich das Präsidentensiegel vom Rednerpult fiel: »Oops … was that my … oh goodness … That's all right. All of you know who I am.« (Riesenlacher) Und Obama legte noch einen drauf: »But I'm sure there's somebody back there that's really nervous right now (macht eine Pause und lacht), don't you think? (Pause) There are sweat bullets back there right now! (Pause, er lacht wieder) Where were we?« (Lacher im Publikum) Besser kann man diese Situation nicht lösen. Und Obamas erster Satz »All of you know who I am« ist natürlich schlagfertig, doch auch das Naheliegendste, was man sagen kann. Denn wozu dient das Siegel? Es dient dazu, anzuzeigen, wer da spricht. Jetzt ist es weg – also: »Kein Problem – ihr wisst ja alle, wer ich bin!«

leicht viele von uns gedacht. Aber kann man wirklich nichts tun, damit so etwas nicht noch einmal passiert? Doch! Nach einer solchen Katastrophe wie auf Teneriffa konnte man nicht zur Tagesordnung übergehen. Und so machte man sich im Nachgang Gedanken darüber, ob es Fehler im System gab, die diesen tragischen Unfall begünstigt hatten. Tatsächlich wurde dieser Unfall zum Ausgangspunkt grundlegender Veränderungen in der Luftfahrt.

Es gab zwei Hauptursachen für die Katastrophe. Die erste war, dass der Funkverkehr missverständlich war. Zum Beispiel hatte der Kapitän die Bestätigung der Startbereitschaft durch den Fluglotsen womöglich als Startankündigung verstanden, weil in der Kommunikation der Begriff »take-off« verwendet worden war. Als Konsequenz wurden danach fest vorgegebene eindeutige Phrasen, sogenannte Sprechgruppen, international vorgeschrieben, die im Funkverkehr zu verwenden sind, um Missverständnisse zu vermeiden. Beispielsweise darf der vom Kopiloten verwendete Begriff »take-off« seitdem

Der Fluch der Perfektion

Als Sammy Davis Jr. seine erste große Show in Las Vegas hatte, saß der damals schon legendäre Jerry Lewis im Publikum, kam nach der Show in die Garderobe und sagte: »Sammy, das war eine perfekte Show.« Darauf Sammy Davis Jr.: »Oh Mister Lewis, was für ein Kompliment, und das aus Ihrem Mund …« »Nein, Sammy«, entgegnete Jerry Lewis, »das war kein Kompliment, das ist dein Problem. Du bist viel zu perfekt – so mag dich doch keiner.« Und da begann Sammy Davis Jr. Pannen in seine Shows einzubauen, wenn schon keine von selbst passierten, und das Publikum liebte ihn wie keinen anderen.

Für Bühnenauftritte gilt ganz grundsätzlich: Fehler sind positiv zu bewerten. Sie entwickeln einen hohen Erinnerungswert im Gehirn der Zuschauer. Von Konzert- oder Theaterbesuchen wird besonders gern

nur noch vom Tower verwendet werden, und zwar in der Sprechgruppe für die Startfreigabe »cleared for take-off«. Für die zuvor vom Flugzeug zu meldende Startbereitschaft verwendet man nur noch den Begriff »departure«, nämlich in der Sprechgruppe »ready for departure«. In dieser Form wurden sämtliche möglichen Informationen, die über Funk übermittelt werden können, mit Sprechgruppen versehen, wodurch Missverständnisse auch bei schlechtem Empfang oder in Stresssituationen ausgeschlossen werden sollen.

Die zweite und vermutlich viel gravierendere Ursache für das Unglück lag in dem starken Hierarchiegefälle im Cockpit. Es hat die lebenswichtige Zusammenarbeit der Besatzung behindert. Der erfahrene und bewunderte Kapitän van Zanten nahm die warnenden Hinweise seiner Kollegen nicht ernst. Und die Kollegen waren – vermutlich aus Respekt gegenüber van Zanten – viel zu zaghaft, ihre Bedenken zu artikulieren und die Katastrophe abzuwenden.

Als Konsequenz aus dieser Erkenntnis wurde in den Jahren danach das sogenannte »Crew Resource Management« entwickelt, mit

erzählt, wenn irgendetwas schiefgegangen ist. Deshalb kann man den Fehler mit Gewinn als bewusstes Stilmittel einsetzen. Der großartige österreichische Kabarettist Josef Hader hat einmal ein ganzes Programm (»Hader muss weg«) auf einer Panne mit dem Licht aufgebaut.

Allerdings fällt uns der souveräne Umgang mit Fehlern nicht leicht. Das liegt daran, dass Fehler in unserer Gesellschaft nicht gerne gesehen werden. Ich vermute, eine Ursache dafür liegt in unserem Schulsystem, das ein System zur Bekämpfung von Defiziten ist. Das Zeugnis ist ein Defizit-Indikator. Wenn ich früher mein Zeugnis nach Hause gebracht habe, hieß es immer: »Also in Deutsch, Mathe und Bio bist du gut – wo bist du schlecht?« Und dann wurde sich damit beschäftigt, dieses Defizit auszubügeln – mit Nacharbeiten, Nachsitzen und Nachhilfe. Und so verbrachte ich 80 Prozent meiner Schulzeit damit, mich mit

dem Ziel, die Hierarchien abzuflachen, klare Kommunikationsregeln einzuführen und die Teamarbeit im Cockpit (und mit dem Kabinenpersonal) zu verbessern. So hat der Vorgesetzte alle Bemerkungen und Sorgen seiner jüngeren Untergebenen ernst zu nehmen. Die Kommunikation folgt nun gewissen Regeln, von der Ansprache über die klare Formulierung von Bedenken bis zum Einfordern einer Reaktion. Und es wurden auch Regeln für die Teamarbeit eingeführt, sodass die verschiedenen Aufgaben im Cockpit immer klar verteilt sind: Einer kümmert sich um das Problem, während der andere fliegt. Sonst kann es enden wie bei der Bruchlandung von United-Flug UA173 am 28. Dezember 1978 in Portland, als alle drei Cockpitmitglieder sich gemeinsam mit der Suche nach der Ursache einer blinkenden Fahrwerkswarnleuchte beschäftigten, aber währenddessen niemandem auffiel, dass ihnen gerade der Sprit ausging.

Auch die Frage, wie man in kritischen Situationen unter Stress zu richtigen Entscheidungen kommt, hat man danach systematisch

Sachen zu beschäftigen, die ich nicht gut konnte, statt die Dinge zu verstärken, die ich konnte. Mein Bruder Raphael schreibt im Kapitel »Dienend im Hören: Zuhören« noch Weiteres dazu.

Albert Einstein sagte, dass nur wer einen Fehler macht, etwas Neues entdecken kann. Doch ein mit roter Warnfarbe markierter Fehler im Diktat in der zweiten Klasse begründet eine Urangst vor Fehlern. Mein Lateinlehrer hat einmal eine volle Unterrichtsstunde darauf verwendet, der Klasse an meinem Beispiel aufzuzeigen, wie blöd man eigentlich sein kann, in zehn Zeilen Übersetzung 54 Fehler zu machen. Am Ende habe ich geheult. Angesichts solcher Exzesse der Fehlervermeidung ist es kein Wunder, dass wir von guter Fehlerkultur noch weit entfernt sind.

Das gilt auch für die deutschen Unternehmen. Vor einiger Zeit hielt ich einen Vortrag vor der F1-Führungsebene eines großen deutschen

geklärt. Im Cockpit üblich ist inzwischen das sogenannte FORDEC-Verfahren, bei dem in kritischen Situationen Entscheidungen nach einem streng vorgegebenen Verfahren und im Dialog mit dem Team herbeigeführt werden, um zu vermeiden, dass man voreilige und möglicherweise fatale Schlüsse zieht: »F« steht für »Facts«, also die Sammlung aller relevanten Fakten. »O« steht für »Options«, also die Beantwortung der Frage, welche Handlungsoptionen existieren. »R« steht für »Risks« und damit für die Frage nach den Risiken, die mit den Handlungsoptionen einhergehen. »D« steht für »Decision«, also die Entscheidung darüber, welche Handlungsoption umgesetzt wird. Danach folgt mit »E« für »Execution« die Umsetzung. Und schließlich noch das »C« für »Check«; hier wird geprüft, ob alles richtig umgesetzt wurde und ob die Prämissen für die Entscheidung noch dieselben sind.

Auch sehr regelmäßige Trainings und Pflicht-Checklisten für Routine- und Notsituationen wurden zum Pflichtprogramm der flugbetrieblichen Praxis.

Energieversorgers. In meinem jugendlichen Leichtsinn behauptete ich, dass How fascinating auch ein guter Ansatz für Fehlerkultur in Unternehmen sei. Da meldete sich einer der Manager und sagte: »Also, Herr von Hoensbroech, das finden wir ja sehr interessant, was Sie uns hier erzählen über How fascinating und so, und das finden wir auch alle ganz toll, aber – wir betreiben Kernkraftwerke!« »Ups«, dachte ich und riss innerlich die Arme nach oben (es blieben aber nur die Unterarme). »How fascinating!« War jetzt alles Blödsinn gewesen, was ich geredet hatte? Also nutzte ich die bewährte Verteidigungsstrategie, gut gelaunt die Aussage des anderen zu wiederholen und mich zu erkundigen, ob ich sie richtig verstanden hätte. Das bringt Zeit und den anderen meistens zum Reden: »Herr … (Blick aufs Namensschild – Status!) … Schneider, habe ich Sie da gerade richtig verstanden, dass Sie der An-

All diese Maßnahmen und insbesondere das Crew Resource Management haben die Unfallrate im Luftverkehr dramatisch sinken lassen. Auch andere Berufsgruppen wie etwa Mediziner oder Militärs haben diese Verfahren teilweise übernommen und für ihre Bedürfnisse adaptiert.

Man könnte meinen, das alles sei nur wichtig für hoch standardisierte und technische Aufgaben, die obendrein eine (vermeintliche) Null-Fehler-Toleranz erfordern. Aber die Übertragbarkeit auf das Management ist groß! Die Prinzipien des Crew Resource Management (flache Hierarchien und das Würdigen von Argumenten, egal von wem sie kommen, klare Kommunikation, Regeln für Teamarbeit) sind Gold wert im Tagesgeschäft einer Führungskraft. Auch fest definierte Verfahren und Checklisten für wiederkehrende Aufgaben werden im Arbeits- und Führungsalltag noch viel zu wenig angewendet.

Die FORDEC-Systematik für die Entscheidungsfindung ist fester Bestandteil meiner eigenen Führungspraxis geworden, um die in Mana-

sicht sind, dass *How fascinating* keine besonders geeignete Fehlerkultur zum Betrieb eines Kernkraftwerkes ist?« Darauf Herr Schneider: »Ja, Herr von Hoensbroech, das haben Sie genau richtig verstanden.« Okay, die Strategie hat nicht funktioniert. Nächste Eskalationsstufe – Gegenfrage (Ball weg): »Was nutzen Sie denn für eine Fehlerkultur beim Betrieb Ihrer Kernkraftwerke?« Darauf Herr Schneider, wie aus der Pistole geschossen: »Wir haben eine Null-Fehler-Toleranz.« – »Aha! Null-Fehler-Toleranz! Verstehe … Und? Klappt's?« Und dann begann eine interessante Debatte zwischen den Kraftwerkschefs, ob denn die Null-Fehler-Toleranz eine geeignete Fehlerkultur zum Betrieb eines Kernkraftwerkes sei.

Denn was bedeutet eine Null-Fehler-Toleranz? Null-Fehler-Toleranz bedeutet: Wer einen Fehler macht, wird gehängt (heute: abgemahnt, entlassen, degradiert). Menschen werden aber nicht gerne ge-

gerkreisen aus Selbstüberschätzung beliebten Bauchentscheidungen zu vermeiden. Denn für die gilt zu häufig das Bonmot von Friedrich Dürrenmatt: »Unter Intuition versteht man die Fähigkeit gewisser Leute, eine Lage in Sekundenschnelle falsch zu beurteilen.«

Hätte es all das schon vor 1977 gegeben, wäre die Katastrophe von Teneriffa sicher so nicht passiert. Denn in Wahrheit hat nicht das menschliche Versagen des Flugkapitäns van Zanten den Unfall verursacht, sondern die Unzulänglichkeit des Systems hat ihn überhaupt erst ermöglicht. Jeder flugbetriebliche Zwischenfall, und sei er auch noch so harmlos ausgegangen, wird seitdem bis ins kleinste Detail aufgearbeitet. Nicht mit dem Ziel, den »Schuldigen« zu bestrafen, sondern um die Ursache zu verstehen und Verfahren zu entwickeln, die einen solchen Fehler zukünftig vermeiden. Dafür braucht man eine Kultur, in der Fehler nicht vertuscht, sondern aktiv kommuniziert und ohne negative Konsequenzen für den Mitarbeiter positiv bearbeitet werden. Das ist eine Fehlerkultur, die diesen Namen verdient und bei der jeder Fehler als Chance begriffen wird, die Leistungsfähigkeit und Sicherheit des Systems zu verbessern.

Wenn dann etwas schiefgeht, das vordergründig nach »menschlichem Versagen« aussieht, sollte man sich immer fragen, ob nicht in Wirklichkeit ein »Systemversagen« vorliegt - denn das kann man heilen!

hängt. Und deswegen machen sie das einzig Sinnvolle: Sie vertuschen den Fehler oder schieben ihn jemand anderem in die Schuhe – der will den Fehler aber auch nicht haben, er hat ihn ja noch nicht einmal gemacht, also wird er weitergeschoben. So wächst und gedeiht der Fehler, bis es schließlich knallt. Dabei führt auch in einer Hochrisikobranche nicht jeder Fehler gleich zu einer Katastrophe. Aber jeder Fehler ist eine Chance zu lernen und das System sicherer zu machen. Dafür muss man aber von den Fehlern erfahren, darf sie also nicht sanktionieren. Und man braucht einen Prozess, Fehler systematisch aufzuarbeiten und anschließend die Verfahrensabläufe so zu ändern, dass dieser Fehler nicht noch einmal auftreten kann.

In Hochrisikobranchen – etwa in der Luftfahrt – ist eine gute Fehlerkultur deshalb heute zentraler Trainingsgegenstand und Mitursache für die hohe Sicherheit der ganzen Branche. Professor Jan U. Hagen von der ESMT in Berlin hat hierzu ein hübsches kleines Buch mit dem Titel *Fatale Fehler* veröffentlicht. Für das Buch hat er Blackboxes von abgestürzten Flugzeugen analysiert. Es zeigt sich: Früher sind tatsächlich erschreckend viele Flugzeuge wegen schlechter Fehlerkultur abgestürzt. Da fiel schon mal ein vollbesetztes Passagierflugzeug vom Himmel, weil der Kopilot sich einfach nicht getraut hatte, dem Piloten zu sagen, dass jetzt wirklich kein Sprit mehr im Tank war.

4. Achte auf dein Gegenüber und hör auf, über dich selbst nachzudenken

 In meinen Workshops werde ich häufig gefragt, wie man am besten »monotones Sprechen« vermeidet. Dieses monotone Sprechen, das wir alle nur zu gut von Präsentationen, Vorträgen und so weiter kennen, ist in den meisten Fällen ein Bühneneffekt. Wenn wir mit denselben Menschen anschließend ein Bierchen trinken gehen, ist der monotone Sprech plötzlich weg.

Wie lässt sich monotones Sprechen also vermeiden? Der Glaube, man könnte monotones Sprechen durch Stimmmodulationen bekämpfen, ist jedenfalls ein Irrglaube. Eine der Ursachen für diesen Irrtum ist, dass der Redner seinen Inhalt »in die Welt« hinausspricht wie manche Schauspieler, die ihre Monologe (»Sein oder nicht sein …« / »Habe nun, ach …«) in die Welt hinaussprechen, da sie keinen konkreten Adressaten haben. Und diese Art des Sprechens produziert einen singenden, malenden Tonfall.

Was tatsächlich hilft, ist dies: Ich muss meinen Zuschauern wirklich etwas sagen wollen, so wie ich in einer Eins-zu-eins-Situation meinem Gesprächspartner zum Beispiel sage: »Wenn Sie so weitermachen, fliegen Sie raus!« Einen Satz wie diesen sprechen wir in der Regel in einem sehr direkten Tonfall, klar, mit Blick in die Augen. Und genau diese Art zu sprechen (im Theater nennen wir das »direktes Sprechen«) dient dem Beziehungsaufbau zum Publikum. Jeder muss sich persönlich (eben direkt) angesprochen fühlen. Einem Schauspieler sagen wir, wenn er in diesen singsanghaften Tonfall verfällt: »Du sollst denken, was du sagst, nicht malen, was du sagst.« Als Redner hilft es hier, wirklich jemandem im Zuschauerraum konkret in die Augen zu schauen. So wie man seiner fünfjährigen Tochter sagt: »Zieh dir endlich die Socken an!«, sagt man dann: »Wir müssen eine Umsatzrendite von zehn Prozent erreichen!« Wer es schafft, auf der Bühne vor 200 Leuten so zu sprechen wie in einer direkten Gesprächssituation, hat schon 50 Prozent der Miete drin. Viele glauben, Reden zu halten sei eine kommunikative Einbahnstraße: Der Redner redet, das Publikum hört zu. Dass das nicht stimmt, merken Sie spätestens, wenn mitten in Ihrer Rede in der vordersten Reihe jemand den Kopf schüttelt, die Augen verdreht und sich dann im Ausatmen die Hand vor Stirn und Augen hält. Als Redner geraten Sie jetzt richtig unter Druck. Obwohl noch 200 andere Leute im Raum sitzen, gibt es auf einmal nur noch einen, auf den Ihre ganze Konzentration gerichtet ist – und jetzt wird es anstrengend (dass der am Morgen von seiner Frau verlassen wurde und gerade denkt »Wieso ist die nur gegangen (Kopfschütteln), mein Gott (Augen verdrehen), was mache ich nur (Stirn in die Hand)?«, können Sie ja nicht wissen). Wenn Sie umgekehrt in leuchtende Augen blicken, dann gibt das so viel Kraft und Energie, dass schon manch ein kränkelnder Redner nach einer anderthalbstündigen Rede plötzlich gesund war. Aufmerksamkeit und Interesse sind die kommunikativen Antworten auf Ihren Vortrag. Selbst wenn nur Sie reden, findet also ein echter Dialog statt, und wenn das Publikum nicht mehr antwortet, ist der Dialog beendet.

Den anderen gut aussehen lassen

Vor der Kamera habe ich zwei Arten von Schauspielern kennengelernt. Die einen sind hauptsächlich mit sich selbst beschäftigt. Wie sie schauen, was ihre Mimik macht, welche Bewegungen sie ausführen, wie sie ihre Stimme modulieren und so weiter. Man hat regelrecht das Gefühl, sie hätten ihren Part wirklich vor dem Spiegel geübt. Als Mitspieler finde ich die Arbeit mit solchen Kollegen immer etwas anstrengend, da ich das Gefühl habe, mit einer Wand zu spielen. Besonders anstrengend wird es, wenn diese Kollegen als Anspielpartner hinter die Kamera gehen (was immer dann der Fall ist, wenn etwa in einem Dialog nur einer von beiden im Bild ist). Ich habe schon erlebt, dass solche Kollegen das Drehbuch in die Hand nehmen und ihre Zeilen in den Dialog hineinlesen, ohne ihren Partner eines Blickes zu würdigen. Für mich als Schauspieler ist das deswegen so anstrengend, weil ich dann alles »aus mir heraus« produzieren muss. Fast alle wirklich guten und großen Schauspieler machen es anders: Wenn sie ihrem Partner vor der Kamera eine Frage stellen oder einen Satz sagen, schauen sie ihn so interessiert und aufmerksam an, dass er gar nicht mehr zu spielen braucht. Er muss dann eigentlich nur noch reagieren, und alles ist stimmig und gut. Im Improvisationstheater gibt es einen wichtigen Merksatz: *If you want to be good, make your partner look good.* Heißt: Nicht ich bin wichtig – der andere ist wichtig. Volle Aufmerksamkeit auf das Gegenüber, alles andere vergessen.

Dazu gehört auch, sich nicht damit zu beschäftigen, was man auf der Bühne mit seinem Körper macht. Ich bekomme oft die Frage gestellt: Wohin mit meinen Händen? Am liebsten würde ich dann antworten: Wenn du auf der Bühne stehst und dich fragst, wohin mit deinen Händen, hast du schon ein Problem. Denn dann bist du mit deiner Aufmerksamkeit bei deinen Händen. Da hat sie aber nichts verloren. Sie sollte bei deinem Inhalt und deinem Zuhörer sein. Leider traue ich mich meistens nicht, das zu sagen. Ich gebe dann die nettere Antwort: Die Arme sollten immer angewinkelt sein – insbesondere wenn man die Bühne betritt. Das vermittelt, wie bereits erwähnt, Aktivität und Engagement, und die Hände können dann alles machen, solange sie sich im Bereich zwischen Gürtellinie und Schulter befinden. Gefuchtel entsteht erst außerhalb dieses Bereiches, und auch der berüchtigte »erhobene Zeigefinger« befindet sich oberhalb der Schulter.

Wenn Sie die Frage nach der Position der Hände blockiert, rate ich Ihnen, alle gestellten Gesten aus der Kategorie Merkel-Raute zu vermeiden. Legen Sie stattdessen einfach die Hände ineinander oder nehmen Sie einen Stift oder ein Blatt Papier (nie größer als A5) in die Hände, dann stehen Sie gut da. Viel besser aber ist es, sich so auf den Zuschauer zu konzentrieren, dass man sich und seinen Körper darüber völlig vergisst. Dazu kann man sich auch zwingen. Wenn Ihnen das gelingt, sind Sie gut, direkt, authentisch und senden Ihre Botschaft – und dann ist es völlig wurscht, was Ihre Hände machen.

5. Langweile nie dein Publikum

 Das Schweizer Berginternat, in dem ich immerhin acht Jahre stationiert war, lag auf tausend Meter Höhe. Der Ort war ein beliebtes und schneesicheres Skigebiet. Eines Tages – ich glaube, es war im Französischunterricht – wurde mein Banknachbar vor lauter Aus-dem-Fenster-Gucken plötzlich schneeblind. Er hielt sich auf einmal die Hände vor die Augen und schrie: »Ich kann nichts mehr sehen, ich kann nichts mehr sehen!« Dann musste er wochenlang mit einer Spezialbrille herumlaufen. Seither ist mir klar, dass Langweilen durchaus den Tatbestand der Körperverletzung erfüllen kann. Wir werden in unserem Leben dermaßen häufig und ausdauernd gelangweilt, dass wir die schönsten Gelegenheiten verpassen, weil wir eingeschlafen sind oder sich uns deren Faszination nicht erschließt. Andere zu langweilen ist nicht nur respektlos und mit Blick auf die Lebensspanne rücksichtslos und unverschämt, sondern auch teuer. Wenn ich einen Vortrag vor 100 Rechtsanwälten halte und die kosten alle 250 Euro pro Stunde und ich langweile die eine Stunde, sind das immerhin schon 25 000 Euro, die verbrannt sind.

Jetzt höre ich natürlich oft: »Ja, ja, ja, stimmt ja alles, aber ich habe halt ein langweiliges Thema, und ich muss das vortragen.« Vor einiger Zeit hielt ich dazu einen Vortrag in einer Schule und bekam dort ähnliche Antworten. Ich habe dann die Schüler gefragt, wer von ihnen Daily Soaps schaut wie *Verbotene Liebe, GZSZ* oder *Unter uns.* Zu meinem Erstaunen meldeten sich zirka 60 Prozent. Das heißt bei einer Dunkelziffer von 20 Prozent, dass 80 Prozent Daily Soaps schauen. Niemand kann mir erzählen, dass das, was da geschaut wird, auch nur im Geringsten interessant ist. Es ist schlecht gespielt, schlecht geschrieben und schlecht gemacht. Trotzdem schauen es alle. Warum? Es ist eben nicht langweilig. Aber woran liegt das? Ganz einfache Antwort: Es geht im Kern um Veränderung.

Change – yes we can

Das Grundprinzip, das hier wirkt, ist ein evolutionspsychologisches: Unsere Vorfahren lebten in einer Welt voller Gefahren. Ruhe und Entspannung war nur möglich, wenn alles stabil war, so wie immer, unverändert. Jede Form der Veränderung der normalen Situation war potenziell gefährlich. Noch heute reagiert unser Gehirn auf Veränderungen mit einem erhöhten Aktivierungsniveau. Eine Erhöhung des Aktivierungsniveaus des Gehirns wird als angenehm empfunden, sofern die Situation sicher ist, also weder Gefahr noch Unbequemlichkeit droht. Anders gesagt: Wir lieben Veränderungen – solange wir uns nicht selbst verändern müssen. Und Veränderung ist das zentrale Kennzeichen einer Geschichte, einer Story.

Das sogenannte Storytelling ist in Unternehmen derzeit unglaublich angesagt. Alles muss eine Story sein: eine Corporate Story, eine Personal Story – jede Präsentation, jeder Pitch, alles ist eine Story. Landauf, landab werden Storytelling-Seminare angeboten. Wenn man Menschen fragt, was eigentlich eine Story ist, antworten sie meistens: »Einleitung, Hauptteil, Schluss« oder: »Etwas, was man mal erlebt hat« oder: »Etwas mit einer Botschaft«. Keith Johnstone hat das Thema Story einmal sehr schön illustriert: Ein Bauer steht auf, geht in die

Mythos Change

In 16 Jahren Berufsleben in zwei Unternehmen habe ich unzählige Führungsseminare besucht. Gefühlt handelten fast alle vom Thema Veränderung – oder wie es im schönen Business-Denglisch heißt: »Change«. Und egal in welchem Kontext, fast immer ging die messerscharfe Analyse voraus, dass zu wenige Menschen Verantwortung übernehmen wollten, eine zu hohe Konsenskultur herrsche, sich alle viel zu sehr nach oben, zur Seite und was weiß ich wohin absichern würden und überhaupt eigentlich keiner unternehmerisch denken, geschweige denn handeln würde, Fehler unnachgiebig bestraft würden und Konformität immer gewinne. Diese Erkenntnis – grob übersetzt: »Ich könnte ja, wenn man mich nur ließe!« – wird beständig von allen geteilt. Interessant ist aller-

Küche, trinkt ein Glas Milch, nimmt sich den Melkschemel, geht rüber in den Kuhstall, setzt sich neben die Kuh, melkt. Ist das eine Geschichte? Nein, es ist eine Abfolge von Ereignissen. Nun mache ich eine Geschichte daraus: Der Bauer sitzt also neben der Kuh und melkt und melkt und melkt. Plötzlich dreht sich die Kuh um und sagt: »Ich mag es, wenn du das machst …« Hier beginnt eine Story. Für den Bauern (die handelnde Figur) ist die Welt ab diesem Moment nicht mehr die, die sie vorher war. Nun landet vielleicht ein Raumschiff mit Kühen, oder es stellt sich heraus, dass die Menschen nur die Sklaven der Kühe sind – ohne es zu merken. Egal. Eine Geschichte ist nur dann eine Geschichte, wenn die handelnde Person sich grundlegend und unwiederbringlich verändert. Der Moment der Veränderung wird im Deutschen meistens angezeigt durch die Wörter »plötzlich« oder »auf einmal«.

dings, dass, egal wen man fragt, diese Verhaltensweisen vorwiegend in den anderen Abteilungen zu finden sind. Der eigene Bereich stellt in der Eigenwahrnehmung eine Art revolutionäre Zelle dar, die allerdings an den Beharrungskräften des Gesamtsystems scheitert.

Auch interessant übrigens, dass diese leicht depressive Selbstwahrnehmung stark im Widerspruch zu der objektiven Tatsache steht, dass täglich sehr viele und teilweise recht mutige unternehmerische Entscheidungen auf allen Ebenen getroffen werden. Aber »Perception is Reality« - der Mensch neigt wohl dazu, Dinge schlechter zu sehen, als sie sind.

Folgerichtig geht es dann in den Führungskräfteseminaren auch primär darum, wie wir die in der Analyse aufgedeckten, eher unvorteilhaften Eigenschaften ablegen und richtig unternehmerische Typen von Schrot und Korn werden. In Klein- und Großgruppen, Break-outs,

Der Veränderungsmoment

Ein amerikanisches Prinzip für Serien-Drehbücher lautet: In jeder Szene (nicht nur in der gesamten Folge) muss sich die handelnde Person grundlegend und unwiederbringlich verändern – ansonsten kann die Szene ersatzlos gestrichen werden. Ich habe das an Drehbüchern von Filmstudenten überprüft, und es stimmt. In der Soap: Zwei Leute knutschen herum. Plötzlich (sic!) geht die Tür auf, und ihr Freund steht in der Tür. Reaction-Shot auf ihr erschrockenes Gesicht, und dann kommt die Abspannmusik. Nächste Woche geht es weiter. Der sogenannte Cliffhanger, also das offene Ende einer Folge, befindet sich stets unmittelbar hinter einem Veränderungsmoment. Man konnte das sehr schön in der US-Serie *24* studieren. Jede Szene lief bis zum Veränderungsmoment – Schnitt, dann wurden in regelmäßigen Abständen im Split Screen alle Szenen gezeigt, in der Mitte tickte eine Uhr, und dann ging es in einer der Szenen weiter.

Einzelbesinnung und kernigen Vorträgen noch kernigerer Extrem-
sportler lernen wir dann, wie man entscheidungsfreudig das Geschäft
vorantreibt, Begeisterung im Team entfacht, Komplexität meistert und
Veränderungsprozesse treibt.

Beschwingt gehen danach alle nach Hause – und jetzt raten Sie
mal, was am nächsten Montag anders ist! Genau. In aller Regel:
nichts. Und warum? Weil der Mensch kaum dazu in der Lage ist, eine
Gewohnheit zu ändern, wenn er nicht entweder dazu gezwungen
wird oder ihm Erkenntnisse so unter die Haut gehen, dass sie sein
persönliches Koordinatensystem verschieben (wie so etwas unter Um-
ständen geht, steht in diesem Buch).

Machen Sie mal ein kleines Experiment: Falten Sie Ihre Hände
und schauen Sie, welcher Daumen oben ist. Dann falten Sie Ihre

Wenn der Veränderungsmoment kommt, wollen die Leute wissen,
wie es weitergeht. Ich spielte einmal in einem Kinofilm mit Bruno
Ganz und Senta Berger einen Schuldirektor, der eine Abiturrede halten sollte. Die Regisseurin sagte: »Severin, halt einfach irgendeine
Rede – der Inhalt ist nicht so wichtig.« Also stellte ich mich hin und
begann: »Liebe Abiturientinnen, liebe Abiturienten, liebe Eltern,
Freunde, Schüler, meine Damen und Herren, letzten Sommer war ich
in Indien. Wir haben dort eine kleine Safari gemacht. Es war zwar
nicht sehr wahrscheinlich, dass wir irgendwelche größeren wilden
Tiere zu sehen bekommen würden, dennoch war es strikt verboten,
den Jeep zu verlassen. Nun weiß ich nicht, ob Sie das indische Essen
kennen – mein Magen kannte es jedenfalls noch nicht, und so gab es
dann den Moment, in dem ich unbedingt und sofort den Wagen verlassen musste. Die Situation war überschaubar. Da waren ein Feld,
ein umgestürzter Baum und ein Busch, hinter dem ich verschwand,
um mich mit meinem indischen Essen zu beschäftigen – da höre ich
auf einmal (sic!) hinter mir so ein Knurren. Ich drehe mich um: Hin-

Hände erneut, aber so, dass der andere Daumen oben ist. Fühlt sich schon komisch an, oder? Und jetzt nehmen Sie sich vor, einen ganzen Monat lang die Hände nur noch so zu falten, mit dem anderen Daumen oben. Eigentlich eine lächerlich kleine Veränderung, aber ich verspreche Ihnen, Sie kriegen es nicht hin!

Ist das nicht erstaunlich? Der Mensch ist doch das Wesen, das über viele hundert Millionen Jahre vermutlich die mit Abstand größte Veränderungsfähigkeit unter allen Lebewesen der Welt gezeigt hat. Warum fällt uns dann der Wandel so schwer? Um das zu beantworten, lohnt ein kleiner Ausflug in die Evolutionstheorie.

Jeder Organismus ist bemüht, sich an seine jeweilige Umwelt möglichst optimal anzupassen. Und hat er das geschafft, verändert

ter dem umgestürzten Baum sitzt ein riesiger Tiger, und als ich ihn anblicke, springt er auf mich los.« »SCHNITT! Kannst du das noch mal machen, bitte! Mikro im Bild.« »Klar, kein Problem: Liebe Abiturientinnen, liebe Abiturienten …« Weiter als bis zu der Stelle mit dem Sprung kam ich nie. Nach dem Dreh kam Bruno Ganz höchstpersönlich zu mir in den Wohnwagen und fragte: »Du, Severin, die Sache mit dem Tiger, wie ist denn das weitergegangen?« Woher sollte ich das wissen?

Was man erzählen sollte – und was nicht

Für einen guten Geschichtenerzähler ist es enorm wichtig, den Veränderungsmoment zu kennen und ihn »zu surfen«, also auszukosten und zu gestalten. Hier hat er die höchste Aufmerksamkeit. Und alles, was vorher erzählt wird, sollte auf diesen Veränderungsmoment einzahlen. Erzählt jemand zu viele Sachen, die nicht auf den Veränderungsmoment hinführen, wird den Zuhörern langweilig: »Im letzten Sommer bin ich zum Segeln nach Kroatien geflogen. Ein Freund von

er sich nicht mehr. So passt zum Beispiel die Amöbe so ideal zu ihrer Umwelt, dass sie sich seit über einer Milliarde Jahre überhaupt nicht mehr verändert hat. Wow, was für eine Leistung und was für ein Luxus!

Wenn sich aber die Umwelt verändert, muss sich der Organismus anpassen. Schafft er das, überlebt er, schafft er das nicht, stirbt er eben aus. Aber die Veränderung geht immer nur genau so weit, wie es für das Überleben gerade erforderlich ist. So hat sich zum Beispiel der Hai Hunderte Millionen Jahre lang kontinuierlich an die sich ändernde Umwelt angepasst, seit etwa 100 Millionen Jahren passt er aber so perfekt in seine Umwelt, dass er sich seitdem kaum mehr nennenswert verändert hat. Erst das Auftreten des technologisch hochgerüsteten Menschen bringt ihn nun seit etwa 100 Jah-

mir nahm mich in einer kleinen Viersitzer-Piper von Wiesbaden aus mit. Er hatte nur eine Sichtflugerlaubnis und von Instrumentenflug nicht einmal laienhafte Ahnung. Die Wetteraussichten waren aber optimal, und auch über den Alpen gab es keinen Verdacht auf Wolken. So flogen wir los. Über den Alpen war immer noch wunderbares Wetter, und so kamen wir gut nach Kroatien, wo wir eine schöne Segeljacht gechartert hatten und so weiter …« Nach der Einleitung ist jeder Zuhörer sicher, dass wir in dichte Wolken geraten, fast abstürzen und nur knapp dem sicheren Tod entrinnen werden. Dies nennt man ein »implizites Versprechen«. Das Versprechen halte ich aber nicht, und somit ist der Zuhörer (meist unbewusst) enttäuscht. Zwei oder drei nicht erfüllte implizite Versprechen, und der Zuhörer steigt gelangweilt aus. Es ist einfach zu mühsam, die Geschichte nach vorne zu denken, wenn dann doch nichts passiert.

Ähnliches erlebe ich immer wieder im Business-Zusammenhang. Da bekommt man eine Präsentation zu irgendeinem Thema vorgeführt,

ren in die Bedrängnis, sich entweder wieder zu verändern oder eben auszusterben. Dem Erfinder der Evolutionstheorie Charles Darwin wurde der folgende Ausspruch zugeschrieben: »It is not the strongest of the species that survives, nor the most intelligent that survives. It is the one that is the most adaptable to change.«

Wir Menschen hatten insofern Pech, als dass unsere Vorfahren eigentlich nie perfekt in ihre Umwelt gepasst haben. Wir können ja auch eigentlich nichts wirklich gut. Weder schnell rennen noch gut klettern, noch kräftig beißen oder gemütlich grasen. Und weil wir ständig gejagt wurden, nie genug zu fressen hatten und ständig frieren mussten, mussten wir uns permanent verändern. Wobei die Evolution in unserem Fall auf die originelle Idee verfallen ist, uns ein-

und am Anfang steht nach der Titelseite und der Agenda (die sich keiner merken kann) die Unternehmenspräsentation. Da erfahre ich dann, wie hoch der Umsatz ist, wie viele Mitarbeiter beschäftigt sind, dass das Unternehmen Standorte in Kassel und Bielefeld hat. Dann höre ich, dass das Unternehmen 1864 gegründet wurde und auf eine wechselhafte Geschichte (gähn) zurückblickt. Wie der Gründer hieß und dass er mit seiner ersten Frau zwei Kinder hatte, zu denen er nach der Trennung aber keinen Kontakt mehr hatte, und später das Unternehmen … und eigentlich geht es um neu entwickelte Steckverbindungen. Von all den gegebenen Informationen zahlt keine auf das Thema Steckverbindungen ein. Natürlich kann es wichtig sein, den Umsatz des Unternehmens zu nennen – um etwa die Investitionskraft oder Größe und damit Seriosität des Unternehmens zu untermauern, kurz: einen *Power-Frame* zu setzen (dazu später mehr) –, doch dann sollte das beim Gegenüber auch direkt so ankommen. Die erste Ehefrau bringt weder in Bezug darauf noch auf die Steckverbindungen irgendeinen zusätzlichen Nutzen, selbst wenn diese Geschichte für die Unternehmens-

fach immer schlauer zu machen statt bloß stärker, schneller oder genügsamer. Aber auch in unserem menschlichen Fall gilt: Sobald unsere Eigenschaften oder Verhaltensweisen so sind, dass sie das Überleben in unserer jeweiligen Umwelt sichern, werden sie sich nicht mehr ändern.

Und leider ist die Welt eben so banal, dass das auch für Menschen in einem Unternehmen gilt: Solange sich ihre Umwelt nicht verändert, ändern sie in der Regel auch nicht ihre Verhaltensweisen. Kein Wunder also, dass so viele Veränderungsseminare sich zwar gut anfühlen, aber nur äußerst selten eine nachhaltige Veränderung im Verhalten der Menschen erzeugen.

Diese Erkenntnis hat aber einen großen Vorteil: Eigentlich ist es ganz einfach, Menschen zu einer Veränderung ihres Verhaltens zu

gründung wichtig war. Wir könnten uns allen deutlich mehr Lebenszeit schenken, wenn wir die Informationen, die für unsere Story und damit unseren Veränderungsmoment keinen Mehrwert haben, einfach weglassen würden. Das ist besonders in einem Pitch von enormer Bedeutung, da die heißen Kognitionen des Zuhörers abkühlen, wenn die Story technisch schlecht oder falsch gebaut ist. Und kalte Kognitionen sind im Pitch ungünstig. Dann fängt der gelangweilte Zuhörer an, über Sachen nachzudenken, über die er nicht nachdenken sollte.

Das Missverständnis mit der Heldengeschichte

Wenn wir Geschichten erzählen, wollen wir unseren Zuhörer emotional mitnehmen, wir wollen ihn an uns binden, Identifikation erzeugen. Dazu eignet sich besonders gut die Heldengeschichte. Die meisten Menschen glauben, eine Heldengeschichte sei folgendermaßen aufgebaut: Da gibt es einen tollen, gut aussehenden Typen, der schlau,

bewegen: Sie müssen nicht die Menschen, sondern ihre Umwelt ändern. Das kann durch eine Reorganisation geschehen, eine größere Prozessänderung oder Veränderungen in der Teamzusammensetzung.

Eine der wichtigsten Rollen fällt dabei der Führungskraft zu. Auf sie richten sich immer alle Teammitglieder aus wie Kompassnadeln auf den Nordpol, sie gestaltet die »Umwelt«. Solange die Führungskraft so weitermacht wie bisher, ist die »Umwelt« stabil, und alle anderen werden sich ebenso stabil verhalten. Wer als Führungskraft Veränderung will, muss immer bei sich selbst anfangen – so schmerzhaft diese Erkenntnis auch ist. Es gilt die alte Weisheit: »Der Fisch stinkt vom Kopf.«

stark, gewandt, schlagfertig und geschickt ist. Und der ist eben toll und macht etwas Tolles und ist dann noch toller. Und er begegnet unglaublichen Gefahren, die er cool und gekonnt meistert, kann Kung-Fu, zieht schneller als sein Schatten und trifft blind hundert Scharfschützen, die schreiend vom Dach fallen, dann kommt ein riesiges Monster, gegen das er kämpft, das ihm noch eine kleine Schramme zufügt, bevor er es unter Einsatz von Leib und Leben mit letzter Kraft niedermacht. Aber eigentlich war nichts von alldem für ihn ein echtes Problem, weil er so ein toller Hecht ist. Und dann wird er noch König und dann Kaiser und dann Papst.

Doch das ist nur ein Klischee (das ich allerdings in Vorstellungsgesprächen auf die Frage »Erzählen Sie doch mal was über sich« schon oft gehört habe). Die tatsächliche Heldengeschichte ist eine andere: Da ist jemand ganz normal, meistens hat er auch einige Probleme – jemand wie du und ich. Vermutlich hat er einen Pickel auf der Nase, wird gehänselt und lebt bei seiner Stiefmutter unter der Treppe. Dieser Jemand versucht eigentlich nur, sein normales Leben zu bewälti-

Sobald eine Führungskraft beginnt, ihr Führungsverhalten zu verändern - zum Guten wie zum Schlechten -, zwingt sie förmlich ihr Team, sich an die neuen Gegebenheiten anzupassen. Das kann plötzlich ungeahnte unternehmerische Kräfte im Team freisetzen, aber auch mindestens genauso viel kaputt machen. Die Veränderung muss also wohlüberlegt sein. Und viel Geduld ist auch nötig: Zwar ändert sich das praktische Verhalten schnell, aber bis die Veränderungen auch im Kopf angekommen sind, kann es mitunter Jahre dauern.

So gelingt Veränderung - bis sich jeder optimal an die neue Situation angepasst hat und alles wieder von vorne beginnt.

gen, als plötzlich etwas passiert. Unser Held hat nun ein Problem. Er versucht, das Problem zu lösen, da wird das Problem noch schlimmer. Und dann fängt es an zu regnen. Dann sind alle seine Freunde weg, und er ist ganz allein. Es ist dunkel und kalt, und dann kommt ein Monster und packt ihn und wickelt ihn in Spinnengarn und hängt ihn an einem Bein in seine Höhle. Unser Held gibt aber nicht auf und schafft es irgendwie, sich zu befreien. Er rennt davon, und als er es fast geschafft hat, kommt ein noch viel größeres Monster und bringt ihn um – oder jedenfalls fast. Irgendwie kommt er ins Leben zurück, rappelt sich auf und tötet Voldemort.

Im Klischee glauben wir, die Heldengeschichte ginge immer aufwärts – in Wirklichkeit geht die Heldengeschichte aber immer abwärts. Erst ganz am Schluss befindet sich der Held viel weiter oben als zu Beginn der Geschichte. Heldengeschichten sollten also immer wie folgt anfangen: Jemand hat ein Problem, er versucht, das Problem zu lösen, und das Problem wird schlimmer. Solche Geschichten lieben wir, damit identifizieren wir uns und gehen mit. Der Held wird dadurch zum Helden, dass er a) am Ende seinen Gegner besiegt (und dann ist der Held immer so toll, wie sein Gegner groß war) und ich b) implizit Charaktereigenschaften dieses Helden kennenlerne, die mich beeindrucken: Meistens gibt er an einer Stelle nicht auf, wo andere aufgegeben hätten, oder er hat einen Verlust in Kauf genommen, ist aber seinen Werten treu geblieben, oder er hat in einer aussichtslosen Situation Führungsstärke bewiesen.

Die Wirkung der Authentizität bei einer Story entsteht durch ein weiteres Prinzip: Ich kann durch das Verhalten des Helden in der Geschichte auf seine Eigenschaften schließen – Durchhaltevermögen, Prinzipientreue, Mut, Führungsstärke, Kreativität und so weiter. Diesen Schlüssen glaube ich, da ich sie ja selbst gezogen habe. Wenn mir – etwa in einem Vorstellungsgespräch – jemand sagt, er sei führungsstark oder hätte ein starkes Durchhaltevermögen, bin ich erst einmal skeptisch. Verstehen wir das Gleiche unter Führungsstärke? Wie lange hält er wirklich durch? Erzählt er das nur, weil es als Anforderung in der Ausschreibung stand? Hier liegt der Unterschied zwischen einem Argument und einer persönlichen Story: Ein Argument zeigt, warum etwas so ist, wie es ist. Eine Story zeigt, dass das, was ich sage, die Wahrheit ist.

Mach's persönlich

Einmal sprach mich eine Firma an, die auf einem Fachsymposion einen Vortragsslot erhalten hatte. Für die Firma war das eine große Chance. Sie schickte ihren Chefingenieur, der den Vortrag halten sollte, zu mir und bat mich, ihn für den Vortrag fit zu machen. Es ging um ein Zulieferprodukt in der Stahlindustrie, ein kompliziertes technisches Thema. Sein vorbereiteter Vortrag folgte dem üblichen Ablauf: Agenda, Fimendetails, Firmengeschichte, Produkt, Problemstellung, Formeln, Zahlen, Diagramme, USP, Ausblick, vielen Dank für Ihre

Aufmerksamkeit. Da ich dem sehr technischen Thema recht hilflos gegenüberstand, fragte ich ihn erst mal, was er als Ingenieur persönlich mit dem Produkt zu tun hätte und warum ausgerechnet er diesen Vortrag halten müsse. Seine Antwort wurde dann zur Story seines Vortrages. Nach einer kurzen Vorstellung in drei Sätzen begann er mit seiner Geschichte: »Vor sieben Jahren – ich erinnere mich noch, als wenn es gestern gewesen wäre – saß ich an einem Freitagabend noch in meinem Büro. Es war gegen 21.30 Uhr, und alle waren längst nach Hause gegangen. Ich saß da, mit meinem kleinen Schreibtischlämpchen, und grübelte über ein Problem (hier ein paar Formeln, Zahlen, Diagramme). Wenn wir dieses Problem nicht innerhalb der nächsten fünf Monate in den Griff bekommen, wäre das das sichere Ende unseres Unternehmens (Suspense). Unsere Büros liegen mit einer großen Glasfront direkt über der Produktionshalle. Ich blickte in die Halle, da sehe ich auf einmal (Veränderungsmoment 1) einen alten Generator hinten in der Halle stehen, den wir schon lange nicht mehr verwendeten. Und da dachte ich: Moment mal, wenn man die Spule aus so einem Generator nutzen würde und (hier die technischen Erklärungen) … Hat aber nicht funktioniert (Veränderungsmoment 2). Drei Monate und zwei Millionen Euro später saß ich wieder an einem Freitagabend in meinem Büro, alle schon nach Hause gegangen, ich mit meinem kleinen Lämpchen, und etwas genervt schaue ich zu dem alten Generator hinüber und denke: Wo ist der Fehler? Da sehe ich auf einmal (Veränderungsmoment 3) über dem Generator den Kettenzug hängen, mit dem wir früher den Generator durch die Halle bewegt haben, und dachte: Natürlich, wenn wir das Prinzip des Flaschenzugs auf unsere Fragestellung übersetzen … (Wieder technische Erklärungen). Dieses Prinzip haben wir patentieren lassen, und so machen wir das heute.«

Die Story selbst, ohne technische Erläuterungen, dauert im Vortrag vielleicht eineinhalb Minuten. Die Kulisse ist nicht bombastisch, und es treten keine Monster auf. Dennoch ist die Geschichte spannend und wirkungsvoll. Auf einmal hören wir zu, dank der drei Veränderungsmomente, der impliziten Versprechen und dem Suspense, und wir lernen eine Menge über den Redner: 1. Er bleibt länger als alle anderen. 2. Er lässt sich inspirieren, ist offen für kreatives Denken, für kreative Lösungen und ist ein guter Kombinierer. 3. Er beißt sich so lange an einem Problem fest, bis er es gelöst hat. Und schließlich vertraut ihm die Firma, für die er arbeitet, offenkundig – er muss also gut sein.

Der rote Faden

Und dann gibt es da ja noch den berühmten roten Faden. Ehrlich gesagt braucht niemand einen roten Faden. Das Einzige, was jede gute Geschichte braucht, ist der Eindruck eines roten Fadens. Der entsteht, indem man ein Motiv, das am Anfang der Geschichte eingeführt wurde, am Ende (am besten im letzten Satz) wieder aufnimmt.

Vor einigen Jahren gewann ein wohltätiges Projekt zur Förderung behinderter Kinder im Nahen Osten, zu dessen Gunsten ich jedes Jahr mit Laien ein Theaterstück inszeniere, den Westfälischen Friedenspreis – gemeinsam mit dem Friedensnobelpreisträger und ehemaligen UN-Generalsekretär Kofi Annan. Unsere Projektleiterin Johanna sollte die Dankesrede im Rathaus von Münster halten, vor höchster politischer Prominenz und mit Liveübertragung im WDR. Sie kam vorher zu mir und zeigte mir ihre Rede, die in etwa folgendermaßen aussah: »Sehr geehrte Exzellenz Kofi Annan, sehr geehrter Herr Außenminister, sehr geehrte …, sehr geehrte …, sehr geehrte …, meine Damen und Herren, es ist eine große Ehre für uns, dass wir hier diesen Preis bekommen, und nicht nur für uns, sondern besonders für unsere Freunde im Libanon …« Schon hier wäre die Hälfte des Publikums eingeschlafen. Nach einem kleinen Coaching hat sie dann folgende Rede gehalten:

»Als ich zum ersten Mal in das Camp geflogen bin, bekam ich Karim zugeteilt. Sie müssen wissen, wir machen dort in Eins-zu-eins-Betreuung Ferien mit behinderten Menschen. Beim ersten Mal bekam ich also Karim zugeteilt. Karim war etwa 1,60 Meter groß, hatte tiefe dunkle Augen und eine spastische Behinderung. In diesem Land werden Kinder mit Behinderungen schon mal lebendig beerdigt, weil es für die Eltern eine so große Schande ist, ein solches Kind zu haben. Das war auch mit Karim passiert. Er war tatsächlich nach seiner Geburt lebendig beerdigt worden – wurde aber gerettet und lebte seither in einem Heim, meistens in einem großen, leeren weißen Raum mit einem Fernseher in einer Gitterbox in der Mitte. Als Karim aus dem Bus ausstieg, ging ich leicht nervös mit offenen Armen auf ihn zu. ›Hallo, Karim‹ – und er: spuckt mir ins Gesicht. Dann habe ich ihm Süßigkeiten angeboten, und er hat sie mir aus der Hand geschlagen und mich umgeschubst. Und so blieb das auch – was immer ich versuchte, um an ihn heranzukommen, Karim rotzte mir ins Gesicht oder schlug direkt zu. Am Abend des zweiten Tages konnte ich nicht mehr. Ich ging in unseren Schlafraum, setzte mich aufs Bett und heulte. Da kam eine Freundin und fragte, was los sei, und ich sagte: ›Ich kann nicht mehr, ich halte das nicht aus, ich will nach Hause. Soll jemand anders sich um Karim kümmern.‹ Und sie sagte nur: ›Hast du's mal mit Singen probiert?‹ ›Ich kann nicht singen.‹ ›Jeder kann singen.‹ ›Ich kann nur Kölner Karnevalslieder.‹ ›Ja, dann sing halt Kölner Karnevalslieder.‹ Also ging ich wieder runter zu Karim und fing an, Kölner Karnevalslieder zu singen. Die Veränderung war unglaublich. Karim wippte zuerst mit, dann tanzten wir, und in kürzester Zeit konnte der Araber Karim Kölner Karnevalslieder. Wir wurden beste Freunde, und auch in den Jahren danach schallten uns bereits bei der Ankunft unserer Freunde und schon aus dem Bus Kölner Karnevalslieder entgegen.

Karim ist inzwischen gestorben – er hat die Verletzungen durch den Versuch, ihn lebendig zu beerdigen, nicht überlebt. Sehr geehrte

Exzellenz Kofi Annan, sehr geehrter Herr Außenminister (und so weiter), meine Damen und Herren, es ist eine große Ehre für uns, dass wir hier diesen Preis bekommen, und nicht nur für uns, sondern besonders für unsere Freunde im Camp, wie Karim.« Dann hielt sie den Rest der Rede so, wie sie sie vorher geschrieben hatte, und endete mit: »Und wenn jetzt Karim oben auf der Wolke sitzt und sieht, dass wir hier diesen Preis bekommen, wird er bestimmt ›Mer losse d'r Dom en Kölle‹ anstimmen. Vielen Dank!« Ende der Rede, tosender Applaus, Gänsehaut, Kofi Annan zerreißt seine vorbereitete Rede und hält spontan eine eigene …

Johanna hat ihre Geschichte berührend und lebhaft erzählt, und da es eine echte und erlebte Geschichte ist, wurde sie sehr konkret. Doch die Basis des Erfolges ist dramaturgische Technik: Die Rede wird mit einer bildhaften, konkreten Geschichte lebendiger gemacht. Diese Geschichte enthält ein paar Veränderungsmomente: 1. Karim spuckt der Rednerin ins Gesicht, 2. die Freundin fragt: »Was ist los?«, 3. die Veränderung war unglaublich. Sie ist natürlich eine Heldengeschichte: Eine Person wie du und ich (»leicht nervös ging ich auf ihn zu«) hat ein Problem (»spuckt mir ins Gesicht«). Sie versucht, das Problem zu lösen (Süßigkeiten), und das Problem wird schlimmer (Karim schlägt zu). Dann die Überwindung des Tiefpunkts mit dem Wunsch aufzugeben. Und schließlich der rote Faden: ein Motiv aus der Story in den letzten Satz gepackt. Fertig.

Diese Technik hilft einem auch, einen guten, um nicht zu sagen genialen Schluss zu finden. Als Regisseur weiß man, dass der Schluss für die Gesamtwirkung eine enorme Bedeutung hat. Und »Vielen Dank für Ihre Aufmerksamkeit« wäre jetzt kein besonders eindrücklicher Schluss für Romeo und Julia. Überhaupt ist dieser Satz ein denkbar schlechter Schlusssatz, weil er unterstellt, der Zuhörer wäre aufmerksam gewesen, was der Redner ja gar nicht wissen kann – und schon gar nicht, als er den Vortrag oder die Präsentation erstellt hat. Der Satz vermittelt auch, dass der Redner froh und erstaunt ist, dass überhaupt jemand zugehört hat, und also Thema wie Vortrag für so schwach hält, dass er sich beim Publikum für die Mühe der erbrachten Aufmerksamkeit noch bedanken muss. Als Frame (dazu unten mehr) ist dieser Satz ausgesprochen ungeeignet, denn er schwächt den Redner.

Um geniale Momente zu finden – und dazu gehört ein guter Schluss –, muss das Gehirn ins Arbeiten kommen. Ein guter Schluss fällt nicht vom Himmel. Fragen Sie sich also: Welche Motive habe ich verwendet oder könnte ich noch einführen, um einen roten Faden zu spinnen und damit einen guten Schluss zu bauen?

Die Spannung steigern

Und dann wäre da noch die Erzähltechnik, die Alfred Hitchcock als »Suspense« bezeichnet hat. Er beschrieb sie folgendermaßen: Wenn vier Leute um einen Tisch sitzen und über Baseball reden, ist das ausgesprochen langweilig. Wenn ich allerdings vorher unter dem Tisch eine tickende Bombe zeige, ist die gleiche Szene ausgesprochen interessant. Suspense lässt sich im Business-Zusammenhang schon erzeugen, indem ich am Anfang meiner Rede etwas Besonderes ankündige, was ich erst am Schluss verraten werde. Richtig elegant lässt sich die Technik einsetzen, wenn ich etwa bei einer Bilanzpressekonferenz die Fragen der Journalisten steuern möchte oder die Q&A-Session nach einem Pitch auf ein bestimmtes Thema (und damit weg von anderen Themen) lenken will. Wenn Sie etwa sagen, dass Sie sich zu einem bestimmten Thema lieber noch nicht äußern möchten, da es dazu noch Meinungsverschiedenheiten im Aufsichtsrat gibt, können Sie sicher sein, dass dazu eine Frage kommt. Meine wichtigste Botschaft lässt sich also gut im Suspense verstecken – dann steht sie treffsicher in der Schlagzeile.

Angesichts der enormen Schlagkraft von Storys sind sie immer noch ein viel zu selten genutztes Stilmittel. In Vorstellungsgesprächen gibt es etwa eine Frage, die fast immer kommt, auf die sich aber kaum jemand vorbereitet. Sie lautet: »Wer sind Sie denn? Erzählen Sie doch mal was über sich!« Üblicherweise antworten die Gefragten hier mit einer chronologischen Aufzählung dessen, was sie in ihrem beruflichen Leben so gemacht haben und was übrigens auch in dem CV steht, den der Fragende vor sich liegen hat. Ich habe kürzlich mit einem Kunden alle Stationen seines CVs in Storys übersetzt. Am Ende hätte ich ihn am liebsten selbst eingestellt.

6. Autentität oder wie hieß das noch mal – und was ist das eigentlich?

Das Wort »Authentizität« ist mindestens so abgelutscht, wie es falsch ausgesprochen wird. In zahlreichen Leadership Guidelines finden wir den Begriff der Authentizität. Die Mitarbeiter sollen sich authentisch verhalten, der Vorgesetzte soll authentisch auftreten, und das ganze Unternehmen soll authentisch rüberkommen. Der Grund für dieses Ansinnen und die Sehnsucht nach Authentizität haben dieselbe Ursache: Authentizität schafft Glaubwürdigkeit. In einer Zeit, in der wir mit Informationen geflutet werden wie nie zuvor und uns immer häufiger fragen müssen, ob wir eine Information für wahr halten oder nicht (ob der Facebook-Post echt ist oder gefakt, ob die E-Mail eine echte Warnung ist oder einen Virus transportiert, ob das Medikament hilft oder nicht – kurz: im Zeitalter von Fake-News), ist die Glaubwürdigkeit ein wertvolles und schwer zu erlangendes Gut geworden. Wenn die Authentizität ein Mittel ist, um Glaubwürdigkeit zu erreichen, erklärt sich, warum Unternehmen sie sich zunutze machen wollen: Wer seine Produkte verkaufen will, muss entweder unfassbar billig oder enorm glaubwürdig sein. Wenn ich in meinen Workshops den Begriff irgendwo entdecke (und ich entdecke ihn fast immer irgendwo), stelle ich erst einmal die Frage, was denn das überhaupt ist, diese »Authentizität«. Nach ein paar hilflosen Definitionsversuchen über die Kongruenz von inneren Werten und äußerer Erscheinung kommt stets irgendwann die Antwort: »Na, halt man selbst sein.« »Wunderbar!«, sage ich dann. »Kommen Sie doch mal nach vorne und seien Sie mal eine Minute Sie selbst.« Daraufhin kommt dieser arme Mensch nach vorne, und das Publikum kann meist nicht bestätigen, dass er besonders authentisch dagestanden hätte.

Sei doch einfach mal so, wie du bist ...

Bei einem Laientheaterstück spielte häufig ein geistig leicht behinderter junger Mann namens Micha mit. Mathematik gehörte nicht zu seinen Kernkompetenzen, doch man konnte ihm sagen »*Alf* – Folge 13«, und er spielte diese Folge der legendären Serie sofort mit allen Rollen. Auch Loriot-Sketche gehörten in sein Repertoire, und ich kenne niemanden, der Loriot so präzise und auf den Punkt imitieren konnte. Vor einigen Jahren machten wir den *Kirschgarten* von Tschechow – eine nahezu unmögliche Aufgabe (mit Laien und in nur einer Woche). Entsprechend geriet ich mit heranrückender Premiere zunehmend unter Druck. Zehn Minuten vor der Generalprobe stellte sich Micha auf die Bühne und machte mich nach – wie ich versuchte, diesen *Kirschgarten* unter Kontrolle zu bekommen. Abgesehen davon, dass das wahnsinnig komisch war (und auch gut den Druck aus der ganzen Sache nahm), saß ich da und dachte nur: »Ach du Scheiße – das stimmt ja auch noch alles.« Und dann dachte ich: Ist ja auch interessant, denn ich selber könnte das nie. Ich könnte mich nicht auf die Bühne stellen und mich selber nachmachen – ich wüsste gar nicht, wie das geht. Micha weiß das, aber ich nicht. In dem Theaterstück *Fahrenheit 451* (nach dem Roman von Ray Bradbury) kam einmal der Regisseur zu mir und sagte: »Severin, spiel den Guy Montag doch mal so, wie du bist, als Severin!« Und da wusste ich überhaupt nicht mehr, was ich tun sollte (obwohl ich als Regisseur diesen Satz schon oft zu Schauspielern sagen wollte). Aber das ist halt das Blöde mit der Authentizität. Man kann einfach nicht man selbst sein, da man gar nicht weiß, wie das geht. Und hier liegt ein grundsätzliches Missverständnis, was diesen Begriff betrifft: Authentizität ist keine Eigenschaft – sie ist eine Wirkung. Man kann nicht authentisch sein – man kann nur alle möglichen Dinge machen und damit beim Gegenüber die Wirkung der Authentizität erzeugen. Es kommt oft vor, dass jemand auf der Bühne steht und eine Rede hält, und bereits nach fünf Minuten finden alle, dass der Redner doch unheimlich authentisch sei. Wie will man nach fünf Minuten wissen, ob das, was der Redner zeigt und sagt, mit seinen inneren Werten und Überzeugungen übereinstimmt? Nein – Authentizität ist ein Wirkmechanismus. Dieser wird durch eine Reihe von Faktoren erzeugt. Hierzu gehören unter anderem:

- die eigene Historie aktiv nutzen – im Sinne von Storytelling (siehe das Kapitel »Langweile nie dein Publikum«);
- nonverbale Statussignale anpassen (gleiche Höhe wie das Gegenüber);
- Empathie;
- konkrete Sprache;
- beim Sprechen immer persönlich bleiben;
- höchstmögliche Aufmerksamkeit auf das Gegenüber;
- mehr Bezug auf sich selbst als auf Fakten nehmen;
- seinen Präferenzen folgen (zu ermitteln beispielsweise mit dem MBTI);
- nicht versuchen, eine Rolle zu spielen oder zu erfüllen;
- nicht versuchen, alles richtig zu machen;
- nicht versuchen, professionell zu klingen.

Es gibt aber noch ganz einfache Tricks, um die Wirkung der Authentizität entstehen zu lassen. Kürzlich gab ich einen Workshop für eine Unternehmensberatung, dessen Inhalt ich selbst noch nicht so genau kannte. Doch nach dem Motto »Wenn du von etwas keine Ahnung hast, erklär es jemandem« warf ich mich todesmutig in diesen Workshop. Nun mache ich auf der Bühne selten einen Hehl daraus, wenn ich nachdenken muss, und da ich von meiner Grundstruktur her auch eher assoziativ funktioniere, unterbreche ich mich oft selbst, erzähle eine kurze Geschichte, springe dann wieder zurück, spreche Sätze nicht zu Ende oder beantworte Fragen, auf die ich eine Antwort haben müsste, mit einem vorwurfsvollen »Das weiß ich doch nicht!«. Darüber hinaus freue ich mich über alles, was schiefgeht (siehe das Kapitel »Mach Fehler und bleib glücklich!« – How fascinating!). Ein Teilnehmer gefiel mir in seinem Auftritt sehr gut, und er erhielt sowohl von mir als auch von seinen Kollegen das Feedback, er käme sehr authentisch rüber. Dieser Teilnehmer, der schon den zweiten Workshop bei mir besuchte, kam nach dem Training zu mir und fragte, warum ich denn seinen Auftritt so authentisch fände. Ich begann gerade zu erklären, dass mir seine natürliche, unverkrampfte Art so gut gefalle, als er sagte: »Ich habe bei meinen Auftritten einfach Sie imitiert.« Mich hat diese Aussage doch überrascht, da ich zwar durchaus meine Nicht-Perfektion kultiviere – allerdings eher, um das Entertainment zu erhöhen und Monotonie zu vermeiden. Ein unmittelbarer Effekt davon ist aber tatsächlich Authentizität: Sich selbst unterbrechen, nachdenken, kleine Geschichten erzählen, nicht perfekt sein (wohlgemerkt ohne sich zu verstecken – sondern offensiv nicht perfekt sein) hat schon eine erstaunliche Wirkung. Der Versuch, alles richtig zu machen, geschliffen und perfekt zu sein oder sich womöglich eine Moderatoren- oder Journalistensprechweise für seine Auftritte anzugewöhnen, ist aus dieser Perspektive also eher kontraproduktiv.

Authentizität herstellen und nutzen

Die Wirkmächtigkeit von Authentizität ließ sich schön bei der Wahl von Donald Trump studieren. Man kann diesem Mann alles vorwerfen, aber nicht, dass er nicht authentisch wäre – im Gegenteil, er ist von einer entwaffnenden Authentizität. Bezeichnend war der Moment in einem der Fernsehduelle, als Hillary Clinton ihm vorwarf, keine Steuern zu zahlen und mit lauter Tricks den Fiskus zu hintergehen. Statt zu lavieren, antwortete Trump nur, er sei halt schlau. Das ist einfach gnadenlos authentisch. Das Bizarre ist, dass diese Authentizität ihn derart glaubwürdig machte, dass Wahrheit und Faktizität keine Rolle mehr spielten und Inhalte auf einmal überhaupt keine Bedeutung mehr hatten.

Natürlich erfüllt Trump nicht alle Kriterien aus der Liste oben. Authentizität war auch eine der Schlüsselwirkungen für Barack Obamas Erfolg, der diese Wirkung am anderen Ende der Skala erzielte.

Das Wort Authentizität ist von einer leicht heiligen Aura umgeben. Ich habe schon heftigste Proteste geerntet, wenn ich behauptete, Authentizität sei lediglich eine Wirkung. Es wird dann gesagt, dass sie ja, wenn man sie erzeugen könne, manipulierbar und somit auch manipulativ einsetzbar sei. Deshalb hier noch eine Anmerkung dazu. Auf die Frage, was eigentlich ein guter Schauspieler sei, erhalte ich oft die Antwort: »Einer, der besonders gut jemand anderen darstellen kann.« Manchmal wird hier auch das Wort »authentisch« benutzt: »Einer, der besonders authentisch jemand anderen darstellen kann« – was natürlich nur geht, wenn Authentizität eine Wirkung ist. Wie auch immer: Ich glaube, dass diese Definition eines guten Schauspielers falsch ist. Ein Mensch ist eine derart komplexe Sache, bestehend aus unzähligen Geschichten, Nöten, Ängsten, Sehnsüchten und so weiter. Wenn ich als Schauspieler das nun alles spielen soll, während ich jemanden frage: »Wo waren Sie gestern Abend zwischen 22 Uhr und Mitternacht?«, geht das gar nicht. Nein, ein guter Schauspieler – und das ist auch der Kern aller großen Schauspieltheorien von Stanislawski bis Strasberg – ist jemand, der in der Lage ist, eine Facette seiner eigenen Persönlichkeit so zu verstärken, dass daraus eine Figur entsteht. Nehmen wir Robert De Niro: Den kann man von hinten zeigen, und wenn er dann den Arm hebt, erkennt jeder sofort: De Niro! Obwohl er doch als enorm wandelbarer Schauspieler gilt. Seine Persönlichkeit ist in den Rollen dennoch so präsent, dass jeder immer sofort »De Niro!« ruft. So ähnlich ist das auch mit der Authentizität: Sie können die Wirkung aktiv entstehen lassen, doch ist die zugrunde liegende Basis immer Ihre Persönlichkeit. Welche Facetten Sie dabei verstärken, ist dann wiederum Ihrem Geschick und Ihrem Ziel überlassen. Ihre eigene Persönlichkeit – mit all ihren Facetten – bildet somit die Grenzen und die Leitplanken für die Manipulierbarkeit der Authentizität.

7. Statusspiele und Framing – Die Mechanik hinter unserer Kommunikation

DRÖÖÖ

Ein Freund hatte einmal einen Vorgesetzten, der dafür bekannt war, den einen oder anderen Mitarbeiter hin und wieder ordentlich zusammenzufalten – und das in einer Lautstärke, die ohne Weiteres auch fünf Büros weiter zu hören war. Alle paar Wochen musste auch die Türklinke seines Büros erneuert werden, da er im Rahmen seiner Wutattacken seiner Meinung durch besonders miserable Behandlung von Türen Nachdruck zu verleihen verstand. Da ich in der Schule immer das Problem hatte, dass ich lachen musste, wenn der Schuldirektor mich anschrie, habe ich diesen Freund irgendwann einmal gefragt, was er denn so macht, wenn er zusammengebrüllt wird, worauf er nur sagte: »Weiß nicht, hat er bei mir noch nie gemacht.« Dieses Phänomen habe ich inzwischen öfter beobachtet: Die einen Mitarbeiter werden angebrüllt, die anderen nicht. Woran liegt das? Machen die einen ihren Job einfach besser als die anderen? Eher nicht, denn die, die versuchen, dem Chef alles so schön und recht zu machen, wie er es gern hätte, werden bizarrerweise besonders häufig angeschrien. Neu-

lich bekam ich einen Anruf von jemandem, der für ein Vorstellungsgespräch trainiert werden wollte. Dieser Kunde war in seinem Fachgebiet
eine absolute Koryphäe, und bei den Recherchen in meiner Vorbereitung wuchs mein Respekt vor ihm gewaltig. Zur Tür herein kam aber
gar nicht die beeindruckende Persönlichkeit, mit der ich gerechnet
hatte, und im Laufe des Trainings stellte ich fest, dass ich mit ihm
wesentlich härter und rauer ins Gericht ging, als ich das üblicherweise
tue – ja, ich behandelte ihn richtiggehend schlecht –, und da ich nicht
gefrühstückt hatte, fast aggressiv. Dieser Mensch strahlte etwas aus,
was ich auch bei einigen armen Mitschülern im Internat kannte, zu
denen man nach schlecht gelaufenen Prüfungen hinging, um sie mit
einer zusammengerollten Zeitung zu verhauen: »Bitte schlag mich!«

Es gibt offenbar Menschen, die unbewusst Signale aussenden, dass
sie verhauen werden möchten. Und sie werden dann auch regelmäßig
verhauen, zumindest verbal. Umgekehrt gibt es auch Menschen, deren Ausstrahlung immer einen gewissen Respekt erzeugt. Diese Mechanismen zu verstehen ist entscheidend, wenn es um die Wirkung
geht.

Während meiner Studienzeit in Wien habe ich einmal im Programmheft des Burgtheaters einen Aufsatz des britischen Dramaturgen
Keith Johnstone über sogenannte Statusspiele gelesen. Dieser Artikel
war für mich »life-changing« in Bezug auf alles, was ich bis dahin über
Schauspiel und Regie gelernt hatte. Er beschrieb verblüffend simpel
die Wirkmechanismen – und zwar mit Blick auf sprachliche und körperliche Signale – in sozialen Kommunikationsprozessen – und das
aus Sicht eines Theatermachers. Johnstone ist als Erfinder des Impro-
visationstheaters berühmt geworden und hat dazu einige wunderbare
Bücher geschrieben, die auch für Nicht-Theater-Menschen sehr er-
hellend sind. Ich habe mehrere Workshops bei ihm persönlich besucht und zehre noch heute von seiner Art, die Bühne als experimen-
tellen Raum für Wegwerfsituationen zu nutzen.

Mit dem Status spielen

Theater ist eine Projektionsform, ein Labor für Situation und Kommunikation. Auf der Bühne kann ich ausprobieren, sezieren und erkennen, was genau in einer Situation passiert. Nicht nur, was und wie genau gesprochen wird, sondern auch, was die Körper dabei machen, wie sie sich zueinander verhalten, was sie erzählen, wie sie mit dem Raum, der sie umgibt, in Kontakt und in Interaktion treten. Auf der Bühne kann ich erkennen, ob das Dargestellte stimmig ist, ob es das erzählt, was erzählt werden soll. Texte, Stimme, Körper und Raum erzählen in Summe die Situation. Stimmt einer der Parameter nicht, spürt der Zuschauer, dass etwas nicht stimmt. Er weiß in der Regel nicht, woran es liegt, er findet die Szene einfach nicht authentisch, schlecht gespielt oder schlicht langweilig. Auch mit Blick auf Statusspiele lassen sich die Erfahrungen auf der Bühne gut in den Alltag – etwa einer Führungsperson – übertragen (wobei hier angemerkt sei, dass die Bühne kein genaues Abbild der Realität ist, sondern nur ein Projektionsraum. So steigt beispielsweise in der Realität die Spannung zwischen Menschen, je näher sie einander kommen, während auf der Bühne die Spannung größer ist, je weiter die Schauspieler voneinander entfernt stehen).

Statusspiele verdeutlichen durch winzige Signale, in welchem sozialen Verhältnis zwei miteinander interagierende Menschen zueinander stehen oder, ganz simpel, wer von beiden den höheren Status hat. James Bond etwa hat in der Regel einen sehr hohen Status und zeigt das auch ständig. Aber sagen Sie einmal den Satz »Mein Name ist Bond, James Bond« und nicken dabei mehrfach leicht mit dem Kopf oder jucken sich an der Schläfe oder blinzeln. Sie werden merken, der Satz funktioniert nur, wenn Sie den Kopf absolut still halten und möglichst nicht blinzeln. Die meisten Menschen nicken, wenn sie ihren Namen sagen. Das tun sie nicht, um zu bestätigen, dass das wirklich ihr Name ist, sondern um den Status gegenüber dem anderen zu senken mit dem Ziel, Augenhöhe herzustellen – das macht die Kommunikation entspannter und angenehmer. Leichtes, schnelles Kopfnicken ist ein sogenanntes Tiefstatussignal. Das Fernsehduell zwischen Gerhard Schröder und Edmund Stoiber im Vorfeld der Bundestagswahl 2002 wäre anders wahrgenommen worden, wenn Stoiber im Fernsehstudio (gerade im Vergleich zu Schröder) seinen Kopf hätte still halten können. Achten Sie mal darauf: Bösewichte in Filmen bewegen ihren Kopf beim Sprechen so gut wie gar nicht – und wenn, dann langsam und geführt.

Wenn zwei Menschen sich auf der Straße begegnen, kann man in der Regel schon weit vorher sagen, wer von beiden ausweichen wird. Wann immer wir uns in kommunikativen Situationen befinden, senden wir unbewusst Signale an unser Gegenüber und scannen dieses auf Statussignale, um zu klären, wer den höheren Status hat. Das ist ein Automatismus, der interkulturell und zum Teil sogar zwischen unterschiedlichen Spezies funktioniert. Mit Pferden etwa kann man wunderbare Statusspiele spielen.

Die Zahl der Signale und ihre Kombinationsmöglichkeiten sind natürlich groß – es lassen sich jedoch die wichtigsten heraussezieren. Sie seien im Folgenden genannt:

Tiefstatussignale
- *Kurze, ruckartige Kopfbewegungen wie schnelles Nicken (siehe oben)*
- *Hand ins Gesicht oder in den Nacken, um sich zu jucken oder die Haare aus dem Gesicht zu streichen*
  Schlechte Kaufhausdiebe fassen sich gerne an die Nase, bevor sie etwas klauen. Genauso wie Schüler, die schummeln. Sie kratzen sich im Gesicht, bevor sie auf den Spickzettel schauen, fassen sich danach an die Nase und ziehen einmal hoch. Wenn Sie aktiv den Status von jemandem senken, wird dieser sich in der Regel kurz

danach ins Gesicht fassen. Die Hand im Gesicht ist ein sehr deutliches Zeichen und funktioniert auch als Alarmsignal für einen selbst. Wenn Sie sich in einer Kommunikationssituation dabei ertappen, dass Sie sich immer wieder ins Gesicht fassen, befinden Sie sich aus Statussicht tiefer als Ihr Gesprächspartner und machen sich selbst klein.

- *Wenig Raum einnehmen*
Die meisten von uns haben ein sehr klares Gespür dafür, wie viel Raum wir einnehmen. In meinen Workshops stelle ich oft zwei Menschen einander gegenüber und sage ihnen, sie sollen einmal austarieren, was der perfekte Abstand ist, um sich angenehm zu unterhalten (von außen hat das Publikum dafür auch ein sehr gutes Gespür). In der Regel ist der beste Abstand dann erreicht, wenn bei ausgestrecktem Arm die Faust des einen gerade so eben die Nase des anderen berührt. Wenn Menschen das Gespür für diesen Abstand nicht haben (etwa weil sie getrunken haben) und zu nah kommen, ist das sehr unangenehm. Das ist dann ein Eindringen in die persönliche »Sphäre« und wird als übergriffig empfunden. Wenn man das absichtlich macht, kann man den Gesprächspartner mühelos rückwärts durch eine ganze Halle treiben. Den Raum, den wir einnehmen, können wir aktiv verändern. Wenn Sie im Sitzen etwa die Zehenspitzen und Knie zusammenführen, sich nicht anlehnen, sondern zusammengesackt dasitzen, eine Hand zwischen die Beine klemmen, mit der anderen den Ellenbogen in die Mitte ziehen und den Kopf hängen lassen, nehmen Sie kaum noch Raum in Anspruch. Wenn Sie dann noch einen Fuß leicht auf den anderen stellen, sind Sie schon fast verschwunden. In dieser Haltung werden Menschen, die Sie ansprechen, sehr nah an Sie herantreten und Ihnen vielleicht sogar eine Hand auf die Schulter legen. Umgekehrt können Sie sich anlehnen, einen Arm über die Rückenlehne hängen, die Beine leicht

ausstrecken und eine Hand aufs Knie legen, und niemand wird Sie mehr anfassen. Soldaten müssen sich häufig in Reih und Glied aufstellen und Haltung annehmen. Sie nehmen dann sehr wenig Raum in Anspruch. Der Offizier schreitet mit schlenkernden Armen vor den Soldaten hin und her, geht dann zu einem hin und brüllt ihm aus einer Entfernung, dass das Aglio e Olio von gestern Abend auch richtig in der Nase ankommt, ins Gesicht. Die natürliche Reaktion auf so ein Verhalten wäre es, zurückzutreten oder dem Offizier eine reinzuhauen. Doch was immer der Soldat macht – außer seinen tieferen Status zu akzeptieren –, es führt wahlweise zu Liegestützen oder gleich in den Bau. Das ist das Funktionsprinzip beim Militär. Wenn Sie die Soldaten ins Minenfeld schicken wollen, müssen die nicht nur verstehen, sondern körperlich spüren, dass sie den tieferen Status haben – und das wird sehr klar über den Umgang mit dem Raum kommuniziert. Mittels des Raums, den wir einnehmen, erzählen wir sehr viel – im Theater nennen wir das den »kinetischen Tanz«. So nehmen wir etwa, wenn wir die Beine übereinanderschlagen, in die Richtung mehr Raum in Anspruch, in die der Fuß des oberen Beins zeigt, und schaffen damit Abstand. Wenn Sie ein Pärchen sehen, das seine Beine voneinander weg überschlagen hat, wissen Sie schon, was bei denen gerade los ist. Die Bedeutung des persönlichen Raums erkennen Sie auch in folgender Situation: Wenn Sie mit – sagen wir – fünf Personen in einem Meeting sitzen und eine sechste zu spät kommt, werden in dem Moment, in dem diese sich hinsetzt, die anderen ein wenig auf ihrem Stuhl ruckeln. Alle richten sich neu aufeinander aus, da die Gesamtsituation sich verändert hat.

- *Kontrollblick*
  Viele glauben, derjenige hätte den tieferen Status, der zuerst wegschaut. Das stimmt aber nicht – ich kann auch gezielt wegschauen und damit jemanden ignorieren, was ein klares Hochstatussignal

wäre. Das tatsächliche Tiefstatussignal ist nicht das Wegschauen, sondern das Wiederhinschauen. Der sogenannte Kontrollblick. Schön zu beobachten bei Mitarbeitern, die etwas von ihrem Chef wollen, oder von Schülern beim Schummeln (meist in Kombination mit der Hand im Gesicht). Wenn Sie einem Bären im Wald begegnen, gehen Sie ruhig weg – was Sie nicht tun sollten, ist nach ein paar Metern einen Kontrollblick zu wagen – dann weiß der Bär: »Kann man essen!«

- *Blinzeln*
Blinzeln senkt ebenfalls den Status – was blöd ist für Menschen mit trockenen Augen. Blinzeln kann aber auch wunderbar als strategisches Tiefstatussignal eingesetzt werden – besonders von Frauen. Kombiniert die Frau das Blinzeln noch mit anderen Tiefstatussignalen wie Raum klein machen (Beine verdrehen und Kopf leicht nach unten), Hand ins Gesicht (Haare kringeln) und Kontrollblicke, fühlt sich das männliche Gegenüber gleich als der starke Beschützer und darüber hinaus sehr toll. Funktioniert eigentlich immer.

- *Körperliche Zeichen der Angst (besonders angezogene Schultern)*
In diversen Workshops zum Thema Körpersprache lernt man, dass verschränkte Arme bedeuten, man sei verschlossen oder in Abwehr. Wenn ein Mitarbeiter der Russeninkasso zu Ihnen kommt, weil Sie Ihre Schulden nicht bezahlt haben, und sich mit verschränkten Armen vor Sie stellt, heißt das nicht, dass er verschlossen ist, sondern dann heißt das: »Ich schlag dich nur *noch* nicht!« Entscheidend ist hier körpersprachlich gar nicht, was die Arme machen, sondern was die Schultern tun. Die Geste des Herrn von der Russeninkasso funktioniert nämlich nur, wenn seine Schultern unten und hinten sind. Angezogene Schultern erzählen immer Angst. Wenn Sie ein Geräusch hinter sich hören, sich umdrehen und da steht ein Science-Fiction-Alien-Monster, werden Sie schreien und dabei Ihre Schultern hochziehen und die Arme vor dem Solar-

plexus verschränken. Dies sind evolutionspsychologisch gelernte Schutzmechanismen (damit der Säbelzahntiger keinen Hals zum Reinbeißen findet), die dementsprechend als Zeichen der Angst gelesen werden können. Um das Signal auszulösen, reicht es übrigens, die Schultern nur ganz leicht anzuziehen.

Hochstatussignale

- *Viel Raum einnehmen*

  Analog zu dem oben beschriebenen Tiefstatussignal »Wenig Raum einnehmen« entsteht Hochstatus, wenn jemand viel Raum in Anspruch nimmt. Es gibt natürlich die verschiedensten Möglichkeiten, dies zu tun. Im Sitzen können Sie die Beine ausstrecken, einen Arm über die Lehne des Nachbarstuhls legen, sich nach hinten lehnen und so weiter. Hat man einen Tisch vor sich, kann man Teile des Tisches greifen und unter Kontrolle bringen. Man kann sich mit dem einen Ellenbogen auf den Tisch stützen und die Hand des anderen ausgestreckt auf die Platte legen. Ein klar gerichteter Gang nimmt übrigens ebenfalls Raum in Anspruch, indem ich nach außen verdeutliche, dass ich den Bereich vor mir für meinen Weg benötige.

  Darüber hinaus spielt der Kopf immer eine wichtige Rolle: Ist der gesenkt, nimmt man weniger Raum in Anspruch.

- *Anfassen*

  Jemanden anzufassen ist nahezu immer ein Hochstatussignal, zumindest solange nicht gegenseitig eine eindeutige Genehmigung erteilt wurde. Viele Menschen glauben, es sei nett, jemandem freundschaftlich an die Schulter zu greifen, und finden ganz zufrieden, sie seien halt »touchy«. Doch es ist immer ein Hochstatussignal. Das Gegenüber empfindet die Geste als irgendetwas zwischen väterlich und kontrollierend, und er oder sie fühlt sich dadurch kleiner. Als Politiker sollte man bei dem berühmten Handshake für die Fotografen immer darauf achten, dass man von der (vom Fotografen aus) linken Seite kommt – dann kann man beim Händedruck die linke Hand auf die Schulter des anderen legen (was der nicht kann) und damit höheren Status signalisieren. Daher ist bei Staatsbesuchen diese Frage übrigens protokollarisch geregelt. Der Gastgeber kommt immer von rechts.

- *Kopf ruhig halten (siehe oben)*
- *Warten lassen und Pause vor Antworten*
  Neulich hatte ich einen Termin bei dem Geschäftsführer eines mittelständischen Unternehmens. Der Termin war um 14 Uhr, ich war knapp vorher da und konnte zufällig sehen, dass der Herr offensichtlich gerade nichts zu tun hatte, er blätterte nämlich in einer Zeitschrift. Dennoch ließ er mich zehn Minuten warten. Jemanden warten zu lassen ist ein Hochstatussignal. Das funktioniert im Gespräch, übrigens auch bei Telefonaten, ebenfalls sehr gut. Wenn Sie immer, bevor Sie antworten, eine kleine Pause machen, verunsichern Sie Ihren Gesprächspartner in jeder Pause kurz und senken damit seinen Status.

Ein plötzlicher Statusverlust ist übrigens immer lustig und damit eine der zentralen – schon von Aristoteles beschriebenen – Ursachen für Komik. Wenn Sie ein Youtube-Video anschauen und beim fünften Mal immer noch lachen müssen, ist es garantiert ein Video mit plötzlichem Statusverlust. Daher ist es lustig, wenn Putin, Erdogan oder Trump auf einer Bananenschale ausrutschen, während es überhaupt nicht lustig ist, wenn eine kranke, gebrechliche Frau auf einer Bananenschale ausrutscht. Charlie Chaplin hat seine Figur des Tramps auf diesem Funktionsprinzip aufgebaut: Jemand, der einen tiefen sozialen Status hat, sorgt dafür, dass Menschen mit Krawatten oder in Uniformen in Pfützen fallen. Nehmen Sie nur die Ice-Bucket-Challenge vor einigen Jahren: Deren Erfolg gründet regelrecht auf diesem Komik-Prinzip. Schüler lieben es, ihren Lehrern Streiche zu spielen, da der plötzliche Status-verlust des Lehrers, wenn der angesägte Stuhl unter ihm zusammen-bricht, sehr, sehr lustig ist. Ähnliches führt ritualisiert im Karneval dazu, dass an Weiberfastnacht in Köln unzählige Krawatten für einen Lacher mit ihrem Leben bezahlen.

Die hohe Kunst des Rollenspiels

Das Prinzip der Statusspiele hat man allerdings nur begriffen, wenn man die Statussignale, die man zeigt, nicht mit seinem tatsächlichen sozialen Status verwechselt. Keith Johnstone sagt dazu: »Status ist ein nützlicher Begriff – vorausgesetzt, der Unterschied zwischen dem Status, den man hat, und dem Status, den man spielt, ist klar.«

In meinen Workshops bitte ich oft einen Teilnehmer, einen König zu spielen. Ich stelle ihm einen Thron hin. Die anderen Teilnehmer sind das Volk (das selbstverständlich aufsteht, wenn der König herein-kommt). Ich mime die Palastwache und kündige lauthals den König an. Alle erheben sich, und nach einer kurzen Weile kommt der König herein. Gemessen schreitet er zu seinem Thron und lässt sich würde-voll nieder. Darauf brüllt die Wache »Setzen!« – und alle setzen sich.

Dann bitte ich den Teilnehmer, noch einmal zu kommen. Ich flüs-tere ihm zu, dass er schnell kommen, beim Hereinkommen dem Volk zunicken, »Hallo« sagen und sich am Kopf kratzen soll. Es erscheint ein schüchterner und etwas unsicherer König. Darauf frage ich die Teilnehmer, welcher von den beiden Königen mehr König war. Sofort und mit einem Ist-doch-klar-Gelächter kommt die Antwort: Der erste! Dann frage ich noch, wer der bessere, der gefährlichere, der sympa-thischere, der effektivere König war. Hier gehen die Antworten schon ein wenig auseinander. Die Frage, wer mehr König ist, ist ja gar nicht zulässig. Der König ist der König. Ende. Wie er ist, ändert nichts an sei-nem Rang als König. Daher gibt es in Film und Theater ein wichtiges

Du, Chef …

Wir Deutschen sind schon ein komisches Volk. Wir tragen Krawatten, sind pünktlicher als die Bahn und denken häufig, dass ein Chef bestimmte Symbole der Macht braucht, um ein anständiger Chef zu sein. Ob es das Eckbüro mit den drei Fensterachsen ist, der eigens ausgewiesene Parkplatz, das Rauchen von Zigarren oder der Wohlstandsbauch, irgendwie muss der Abstand zwischen »oben« und »unten« schließlich erkennbar sein.

Ein besonderes Unterscheidungsmerkmal ist, dass sich gleichrangige Kollegen gerne untereinander mit dem Vornamen ansprechen, während im Verhältnis Chef zu Mitarbeiter in der überwiegenden Zahl der Fälle noch das gute deutsche »Sie« in Kombination mit dem Nachnamen gepflegt wird.

schauspielerisches Grundprinzip: »Den König spielen immer die anderen!« Wenn ein König die Szene betritt, spielen Trompeten, alle stehen auf, und er ist der Einzige, der sich auf den Thron setzen darf. Er selbst braucht dann nicht mehr den König zu spielen. Der König ist nicht dadurch mehr König, dass er ständig zeigt, dass er der König ist. Der König ist qua Definition König. Mehr oder weniger König gibt es nicht.

Die anderen spielen den König, indem sie durch ihr Verhalten verdeutlichen, dass er der ranghöchste Chef ist. Neulich erzählte mir jemand von einem Besuch bei Prince Charles. Da alle aufstehen, wenn er den Raum betritt, erschien unmittelbar vor seinem Kommen ein Butler, der alle aufforderte, sich hinzusetzen, da das Aufstehen ja nur Sinn macht, wenn nicht eh schon alle stehen. Wirklich gute Schauspieler vermeiden also dezidierte Hochstatussignale, wenn sie Könige spielen (denken Sie an Viggo Mortensen in *Herr der Ringe*, an Peter Ustinov in *Krieg und Frieden* oder an Joaquin Phoenix in *Gladiator*).

Selbst nach Jahren der Zusammenarbeit hat man oft das Gefühl, dass der Vorname nur für die Personalakte relevant ist. Besonders lustig wird das Ganze, wenn man gemeinsame Termine mit englischsprachigen Geschäftspartnern hat. Dann weiß der Chef auf einmal ganz genau, wie sein Mitarbeiter mit Vornamen heißt, und nennt dessen Vornamen in jedem zweiten Satz, als sei man schon zusammen in den Kindergarten gegangen. Aber kaum spricht man wieder Deutsch, wird sofort zurückgekehrt zum distanzierten »Sie, Herr Sowieso«.

Die Distanz sei nötig, so die allgemeine Überzeugung, weil dem Vorgesetzten sonst nicht der nötige Respekt entgegengebracht würde und vor allem bei Personalgesprächen ein gewisser Abstand hilfreich sei. »Wir müssen uns von Ihnen trennen« geht eben leichter über die Lippen als »Du bist gefeuert!«. So erklärte es mir zu-

Trotz des erwarteten Rollenklischees (dass nämlich Könige Hochstatussignale zeigen) mögen wir es nicht, wenn Menschen mit hohem sozialen Status (nennen wir es hohe »Position«) tatsächlich Hochstatussignale zeigen. Wir sagen zwar gerne »Das ist mein Chef«, mögen es aber nicht, wenn dieser sagt »Ich bin dein Chef« (siehe hierzu auch das Kapitel »Kreative Räume schaffen«). Als Christian Wulff Bundespräsident wurde, fing er auf einmal an, zu schreiten – vorher ging er noch – und präsidial zu sprechen. Das war unerträglich (und vermutlich deshalb hat man sich schnell eine Geschichte mit seinem Haus ausgedacht, um ihn wieder loszuwerden). Vor Kurzem traf ich auf einer Hochzeit einen alten Bekannten, der Bischof geworden war. Als er mich sah, faltete er gemessen die Hände, schloss sanft und kurz die Augen und sprach salbungsvoll »Grüß dich, Severin, wie schön, dich wiederzusehen.« Ich hätte ihn am liebsten gehauen. Kaum etwas wirkt einnehmender als jemand mit hohem sozialen Status, der diesen aber nicht vor sich herträgt. Das ist dann Understatement, die

mindest ein väterlicher Freund, bevor ich in das Berufsleben einstieg.

Klang plausibel, allerdings muss ich wohl bei meiner Wahl für den Berufseinstieg in dieser Hinsicht kein glückliches Händchen gehabt haben. Denn mein Einstieg fand bei einer amerikanischen Unternehmensberatung in Deutschland statt. Und so ziemlich das Erste, was mir mein erster Gesprächspartner dort – nach der Rezeptionistin – sagte, war: »Hallo, Herr Dr. von Hoensbroech, nur dass du's weißt, hier duzen sich alle. Ich bin übrigens der Michael.« Mein Bild vom hochwürdigen und hierarchielastigen deutschen Wirtschaftsleben kam etwas ins Wanken. Es stürzte fast ein, als ich kurz darauf mitbekam, wie eine 21-jährige Praktikantin den großen Deutschlandchef völlig selbstverständlich »Dieter« nannte.

hohe Kunst des Statusspiels, mit dem man die Erwartungen seines Publikums durchkreuzt. Ein Großmeister darin ist Papst Franziskus. Als er nach seiner Wahl auf den Balkon trat, sagte er nicht segnend »in nomine patri et filii et spiritu sancti …«, sondern: »Ähm … Guten Abend …« Ein weiteres Beispiel dafür gab er bei seinem USA-Besuch. Es gibt ein hübsches Youtube-Video, in dem die Autokolonne des Papstes vorbeifährt. Da kommt nach unendlichen Motorrädern in Formation und riesigen schwarzen Limousinen und noch mehr Motorrädern und Limousinen ein kleiner schwarzer Fiat (mit Standarten und dem Papst) und dann wieder riesige amerikanische Limousinen und Motorräder. Großartig.

Dass ein König nicht immer Hochstatussignale zeigen sollte, heißt jedoch nicht im Umkehrschluss, dass Menschen in hohen Positionen dauernd Tiefstatussignale zeigen sollten. Zum einen gibt es eine Erwartungshaltung des Umfelds, das bestimmte Hochstatussignale von

Das Leben ist voller Überraschungen. Natürlich habe ich mich gerne auf das Duzen eingelassen. Und tatsächlich erwiesen sich die Bedenken meines väterlichen Freundes bald als zumindest - vorsichtig formuliert - nicht allgemeingültig. Bei einer Unternehmensberatung spielen Feedback und Personalgespräche eine sehr wichtige Rolle, schließlich hat das Unternehmen nicht viel mehr zu verkaufen als die Hirne und Fähigkeiten seiner Mitarbeiter. Dafür muss es eine sehr strenge Leistungskontrolle leben. Und trotz des »Du« und allen kumpelhaften Umgangs wurden auch schwierige Personalgespräche konsequent geführt. Es wurden wesentlich mehr Mitarbeiter per Du freundlich zum Verlassen des Unternehmens aufgefordert als in der Sie-Kultur des Großkonzerns, zu dem ich Jahre später gewechselt bin.

»wichtigen« Menschen wünscht – besonders dann, wenn diese den eigenen Status heben. Zum anderen ist der gezielte Einsatz von Hochstatussignalen in manchen Situationen strategisch angebracht. Dazu unten mehr.

Damit Hochstatussignale positiv wirken, erfordern sie einen angemessenen Einsatz und ein richtiges Maß. Leider treffe ich in Unternehmen häufig Chefs, die glauben, sie müssten ihren Chefstatus ständig mit Hochstatussignalen unterstreichen. Da dürfen dann manche Mitarbeiter an Sitzungen nicht teilnehmen, obwohl sie dazu Substanzielles beizutragen hätten – einfach nur, weil sie nicht auf dem nötigen hierarchischen Level sind. Oder manche Chefs glauben, sie müssten nicht anklopfen, wenn sie in das Büro eines Mitarbeiters kommen. An Konferenztischen kann man Hochstatusneurotiker sehr hübsch hinsichtlich ihrer Sitzposition und ihrer Rauminanspruchnahme studieren. Hochstatussignale, die den anderen herabwürdigen, können lächerliche Züge annehmen, wie etwa bei einer Pressekonferenz im Jahr 2010, bei der Diego Maradona nicht mit Thomas Müller an ei-

Aber auch ein ganz anderer Aspekt der Du-Kultur wurde mir schnell bewusst: Unternehmensberatungen sind - wie alle Unternehmen - recht hierarchisch organisiert. Das ist auch gut so, schließlich sind Erfahrung und Methodenwissen der älteren Mitarbeiter ausschlaggebend für den Erfolg der Teams. Im Zentrum der Projektarbeit standen immer die Besprechungen der Projektteams, in denen - bevorzugt abends und gelegentlich bis weit nach Mitternacht - intensiv um die beste Vorgehensweise und die besten Lösungen für den jeweiligen Projektauftrag gerungen wurde.

Mit großer Ehrfurcht nahm ich an der ersten dieser Besprechungen teil und plante, mich höflich auf das Zuhören zu beschränken, während die großmächtigen Kollegen die Alchemie der Beratung anrührten. Dieser Plan wurde aber schnell durchkreuzt, als mich der

nem Tisch sitzen wollte (als Thomas Müller noch nicht der weltberühmte Thomas Müller war).

Der unangemessene Einsatz von Hochstatussignalen führt zu einer Wirkung, die häufig – wie die Authentizität – fälschlich für eine Eigenschaft gehalten wird: Arroganz. Arrogante Menschen gibt es nicht – zumindest kenne ich keine persönlich –, es gibt jedoch viele Menschen, die arrogant wirken. Lernt man sie näher kennen, sind sie oft unsichere Menschen, die sich ihrer Wirkung noch nicht einmal bewusst sind. Viele arrogante Menschen haben Hochstatussignale internalisiert und gelernt, dass sie damit ganz gut durchs Leben kommen. Ich hatte einmal eine hochrangige Führungskraft als Kunden. Der Mann hatte sich angewöhnt, nach einer Antwort sein Gegenüber noch etwa zehn Sekunden lang anzuschauen, ohne den Kopf zu bewegen und ohne zu blinzeln. Obwohl er ein bescheidener, bezaubernder Mensch war, hatten seine gesamte Organisation und auch sein Chef panische Angst vor ihm.

große Chef Udo nach fünf Minuten fragte: »Alexis, wie würdest du das denn lösen?« Ich schaute ihn schockiert an und musste mich erst einmal sammeln. Dann begann ich vorsichtig, meine gefühlt unmaßgebliche Meinung abzusondern, fest damit rechnend, kurz darauf wieder in den Schweigemodus zurückversetzt zu werden. Mitnichten! Schnell entwickelte sich daraus eine intensive und sehr direkte Diskussion auf Augenhöhe in einer Art, wie ich sie sonst nur mit meinen Freunden beim Bier in der Kneipe kannte. Ohne das »Du« wäre dieser offene, hierarchiearme und rein sachorientierte Diskussionsstil vermutlich ziemlich unnatürlich gewesen.

Und trotz aller Augenhöhe und allen kumpelhaften Umgangs: Weder ich noch irgendein anderer Teilnehmer hat je vergessen, dass Udo

In manchen Fällen sind Hochstatussignale allerdings fest mit beruflichen Rollen verbunden. Der perfekte Butler zeigt ausschließlich Hochstatussignale, obwohl man Unterwürfigkeit erwarten würde (bei Anthony Hopkins brillant zu studieren im Film *Was vom Tage übrig blieb*). Dieses Statusspiel entlastet seinen Dienstherrn. Für den kann es nämlich ganz schön anstrengend sein, ständig Hochstatus ausdrücken zu müssen, weil sein sozialer Status das verlangt. Der Butler nimmt seinem Dienstherrn diese Bürde ab. Während der Lord sich gehen lässt, bewahrt der Butler Haltung – und sichert so den Status seines Meisters. Analog gilt dies auch in der Gastronomie. Es gibt nichts Schlimmeres als unterwürfige Kellner. Die bekommen übrigens auch nur sehr wenig Trinkgeld. Am meisten Trinkgeld bekommt der Kölner Köbes im Brauhaus, der nicht für seine Unterwürfigkeit bekannt ist. Er beherrscht allerdings Statusspiele. Der Gast wird eher rüde behandelt. Lediglich kurz vor der Bezahlung taucht der Köbes statustechnisch einmal untendurch – und dann klingelt's in der Kasse.

der Chef war und natürlich auch das letzte Wort hatte. Aber er machte davon erst Gebrauch, wenn er sicher war, dass jeder offen und vollständig gesagt hatte, was er zu dem jeweiligen Thema dachte. Mir gefiel das richtig gut, und ich habe damals für mich entschieden, dass das genau der Stil ist, mit dem ich in meinem Berufsleben arbeiten will.

Später, als ich zu einem Großkonzern wechselte, habe ich dieses Prinzip beibehalten. Zumindest mit meinem direkten Team und den ein bis zwei Ebenen darunter war und bin ich immer »per Du«. Als ich vor Jahren erstmals einen größeren Bereich mit über hundert Mitarbeitern übernahm und allen bei der ersten Bereichsversammlung kollektiv das »Du« anbot, schaute ich in so viele ungläubige Gesichter, dass ich mich fragte, ob ich die Kollegen nicht etwas überfordert hatte. Tatsächlich brauchten einige Kollegen viele Wochen,

Den Status anpassen

Nun stellt sich natürlich die Frage, welche Statuskommunikation in alltäglichen geschäftlichen Situationen eigentlich die beste ist, in denen wir uns nicht in sehr festen Rollen bewegen, zum Beispiel in Vorstellungsgesprächen, bei Gehaltsverhandlungen oder im Pitch. In meinem Schweizer Klosterinternat hatte ich grob drei Lehrertypen. Da war erst einmal der bereits erwähnte Lateinlehrer, Pater Adalbert. Bei ihm war es mucksmäuschenstill in der Klasse – und das schon fünf Minuten, ehe er den Raum betrat. Nach dem unsererseits formell tadellos, aber zitternd bewältigten Begrüßungsritual setzte sich der Pater, schlug langsam sein Notizbuch auf und studierte lange und schweigend die Klassenliste (Signal: Warten lassen). Plötzlich erklang ein so kurzes wie scharfes »Severin! Übersetzen!«. Die Folge bei mir: Adrenalinausstoß, Schweißausbruch, Stimmversagen. Dann gab es meinen Geografielehrer Pater Bonifatius. Der kam äußerst nett und

um sich daran zu gewöhnen. Man merkte, wie schwer ihnen das »Du« gegenüber dem Chef über die Lippen kam. Aber nachdem der erste Gewöhnungsschmerz vorüber war, fühlten sich alle sehr wohl damit. Wir haben danach jahrelang fast wie ein verschworenes Team sehr erfolgreich zusammengearbeitet, gerungen und auch gefeiert.

Mein schauspielender Bruder Severin sagt, dass es im Theater eine Regel gebe: »Den König spielen immer die anderen.« Das heißt, der Chef muss sich nicht mit Insignien der Macht umgeben, würdevoll und distanziert daherreden und ein dickes Auto fahren. Er kann fast völlig frei so sein, wie er will, da jeder weiß, dass er der Chef ist. Die Mitarbeiter sorgen schon mit ihrem Verhalten dafür, dass zu keinem Zeitpunkt ein Zweifel besteht, wer hier der Chef ist.

entzückend hereingezottelt, sortierte sich erst einmal die Haare aus dem Gesicht und sagte dann unter heftigem Kopfnicken »Guten Morgen … also, äh … wir machen heute die Schweizer Berge, da gibt es zum Beispiel den Titlis, das ist ein sehr schöner Berg.« Spätestens zu diesem Zeitpunkt traf ihn die erste Papierkugel. Ich werde nie vergessen, wie er vergeblich versuchte, die Klasse zur Ruhe zu bringen, indem er mit dem Atlas auf das Lehrerpult schlug, und als der Atlas in tausend Stücke ging, ins Nebenzimmer eilte, einen neuen Atlas holte und weiterschlug. Und schließlich gab es noch meinen Englischlehrer Pater Ignatius. Bei ihm war es ruhig und konzentriert im Unterricht, aber auch entspannt. Man konnte gelegentlich einen dummen Spruch riskieren, aber wenn jemand auf die Idee kam, die unsichtbaren Grenzen des Respekts zu überschreiten, hat Pater Ignatius konsequent reagiert. Kurz: Es war gut. Ich habe mich später oft gefragt, was eigentlich der Unterschied zwischen diesen Lehrern war: Charisma (was ist das?), natürliche Autorität, Durchsetzungsvermögen? Heute bin ich überzeugt: Der zentrale Wirkmechanismus ist das Beherrschen

Natürlich gibt es bei diesem Thema kein Richtig und kein Falsch. Auch mit dem »Sie« kann man ganz hervorragend Organisationen führen und gute Ergebnisse erzielen – sonst wäre die deutsche Wirtschaft auch nicht so erfolgreich geworden, wie sie unzweifelhaft ist. Aber ich habe für mich befunden, dass ich das »Du«, die Augenhöhe und den freundschaftlich-kumpelhaften Umgang für vorteilhaft halte. Sie fördern die Diskussionsfreude, senken die Barriere, die eigene Meinung zu sagen, und helfen, die beste Lösung in der Sache zu finden. Und nebenbei macht der Umgang miteinander so auch viel mehr Spaß!

Und ein wenig scheint es auch im Zeitgeist zu liegen, wenn man sich anschaut, wie in der jüngsten Vergangenheit bei vielen deutschen Großkonzernen das Siezen ähnlich schnell abnimmt wie das Tragen von Krawatten.

von Statusspielen. Pater Adalbert war ausschließlich ein Hochstatusexperte (mit allen Folgen), Pater Bonifatius ausschließlich ein Tiefstatusexperte (mit allen Folgen). Doch was machte Pater Ignatius? Er verstand es auf brillante Weise, seinen Status stets seinem Gegenüber und der Situation angemessen anzupassen. Er konnte sich ganz klein neben einen schlechten und unsicheren Schüler setzen und sagen »Du, ich war auch schlecht in der Schule«, nur um im nächsten Moment aufzustehen und dem neunmalklugen Klassenclown zu zeigen, wo der Hammer hängt.

In der Lage zu sein, seinen Status anzupassen, ist ein erstaunlich mächtiges Werkzeug. Bei Verhandlungstrainings wird oft das »Spiegeln« des Gegenübers gelehrt. Tatsächlich gelingen erfolgreiche Verhandlungen aber nicht durch das Spiegeln, sondern durch eine Statusanpassung (neben anderen Grundprinzipien, wie sie etwa im *Harvard Prinzip* beschrieben sind). Bei Vorstellungsgesprächen, im Verkaufsgespräch, beim Pitch und so weiter rutschen viele automatisch in einen Tiefstatus. Immer wenn wir von jemandem etwas wollen, tendieren wir zu Tiefstatussignalen: »Äh … Herzlichen Dank, dass Sie uns die Gelegenheit geben, Ihnen unser Produkt einmal vorzustellen …« Dazu ein bisschen Kopfnicken, einmal im Gesicht kratzen – mit so einer Einleitung müssen Sie schon kräftig rudern, um überhaupt noch etwas zu verkaufen. Der gleich hohe Status hingegen schafft Augenhöhe, zeigt und erzeugt Empathie, bewirkt Authentizität und Glaubwürdigkeit.

Wie der Rahmen das Bild beeinflusst

Wenn der soziale Status, den man hat, unabhängig ist vom Status, den man spielt, stellt sich schnell die Frage, was es denn mit den klassischen Statussymbolen auf sich hat: mein Auto, mein Haus, mein Pool, meine Frau und so weiter. Statussymbole und Statussignale werden oft verwechselt – gehorchen aber tatsächlich völlig verschiedenen Grundprinzipien. Statussymbole gehören zum Konzept des Framings. Dessen Wirkung beruht auf der Art, wie unser Gehirn Informationen verarbeitet. Unser Gehirn ist ein beeindruckender Informationsfilter. Über die Sinne (Sehen, Hören, Tasten, Riechen, Schmecken, Schmerzempfindung, Körperempfindung, Gleichgewichtssinn, Temperaturempfindung) kommen pro Sekunde 10^9 Bit an Datenmaterial in unserem Gehirn an. Unser Bewusstsein kann aber in einer Sekunde nur 10^2 Bit verarbeiten. Das Gehirn hat verschiedene Mechanismen zur Informationsreduktion – so werden beispielsweise Räume als Matrix hinterlegt und dann faktisch nicht mehr gesehen. Illusionisten machen sich diesen Effekt zunutze. Veränderungen im Raum werden, nachdem die Matrix angelegt wurde, nur dann gesehen, wenn die Veränderung selbst im Fokus liegt. Gibt es Probleme in diesen Mechanismen zur Informationsreduktion, führt das zu schweren geistigen Behinderungen, von denen Autismus die bekannteste ist.

Eine andere Methode, die das Gehirn verwendet, um die Masse an Informationen, die über die Sinne einströmt, zu kontrollieren, sind Frames (englisch für »Rahmen«). Man kann sich einen Frame wie einen Rahmen oder die Begrenzung eines Bildes vorstellen. Beim Drehen eines Films sieht man oft, dass Kameraleute ihre beiden Daumen und Zeigefinger zu einem Rechteck formen, um den sichtbaren Ausschnitt im Film sehen und alles andere ausblenden zu können. Diese Begrenzung und Fixierung unserer Aufmerksamkeit geschieht uns auch unwillkürlich in unserem Alltag. Wenn Sie sich mit einem alten Freund auf einem belebten Platz verabredet haben, strömen unendliche viele Informationen auf Sie ein: Menschen laufen in alle Richtungen, Straßenmusikanten spielen Musik, Bettler fragen nach einem Euro, Tauben flattern auf, weil ein Hund ihnen nachrennt, ein Baby schreit, einem Kind ist eine Kugel Eis heruntergefallen. Plötzlich entdecken Sie Ihren Freund, den Sie zehn Jahre nicht gesehen haben; er sitzt auf einer Bank. Jetzt framen Sie auf Ihren Freund. Alles andere wird unbedeutend – so unbedeutend, dass Sie auf dem Weg zu der Bank über das Kind stolpern, das versucht, die Eiskugel wieder auf die Waffel zu befördern. Sie setzen sich zu Ihrem Freund und beginnen direkt eine intensive Unterhaltung. Der Frame auf Ihren Freund ist nun sehr schwer zu erschüttern. Wenn Sie auf der Bank daneben aber plötzlich die Frau entdecken, in die Sie sehr verliebt sind, verschiebt sich vermutlich der Frame.

Das Besondere am Framing ist, dass die Rahmen mit einer Wertung verknüpft werden können. Diese Wertung bestimmt, wie wir etwas sehen – als positiv oder negativ, als groß oder klein und so weiter. Der amerikanische Investmentbanker und Experte für Pitches Oren Klaff hat in einem Vortrag einmal ein sehr plastisches Beispiel hierfür gezeigt. Je nachdem, wie das folgende Bild betitelt ist, sieht der Betrachter etwas anderes:

Killerwal

Willy

In dem ersten Bild sehe ich ein brutales, sehr gefährliches Tier, und in dem zweiten diesen süßen armen Orca aus dem Film *Free Willy*, dessen Rückenflosse in der Gefangenschaft immer gebogen ist und der einen aus seinen traurigen Augen anschaut.

Frames sorgen dafür, dass wir

- auf die wichtigste Information in einer gegebenen Situation fokussieren,
- alles andere ignorieren,
- komplexe Situationen vereinfachen,
- bestimmte Informationen zulassen und andere ausschließen.

Als Folge dieser Reduktion von Informationen entsteht ein Standpunkt, eine Sichtweise, eine Perspektive, eine bestimmte »Wahrnehmung der Welt«. Die schwere Erschütterbarkeit von Frames nennen manche die »Beharrlichkeit des Glaubens«. Wir finden sie auch beim IS oder den

Anhängern von Donald Trump oder der AfD. Je stärker ein Frame ist, umso unempfindlicher ist er gegenüber neuen Informationen und anderen Frames.

Das Spiel mit den Rahmen beherrschen

Jede soziale Interaktion wird von Frames gesteuert. Deshalb ist die Kontrolle von Frames gerade für Manager und im Business-Zusammenhang von enormer Bedeutung. Eine starke Führungskraft muss in der Lage sein, dafür zu sorgen, dass das gesamte Team ihrer Vision folgt. Ein guter Dirigent schafft es, den Frame zu setzen, den nachher alle Musiker ausfüllen. Hier hilft ein anderes Prinzip des Framings: Zwei dominante Frames können nicht gleichzeitig am gleichen Ort existieren. Der stärkere Frame wird den schwächeren immer dominieren, brechen, absorbieren. Der soziale Status (also die Position) vereinfacht diesen Prozess, da es oft ja genau die Funktion der Führungskraft ist, den Frame zu setzen. Als Regisseur oder Dirigent tut man eigentlich den ganzen Tag nichts anderes.

Kniffeliger wird das Ganze, wenn ich meine Idee, mein Produkt oder meine Dienstleistung, gerade auch über Hierarchieebenen hinweg, verkaufen oder durchsetzen will – sei es beim Vorstand, beim Kunden oder einem Investor. Dafür ein Beispiel: Herr Tüftler hat den sich selbst zusammenlegenden Gartenschlauch erfunden. Er hat jahrelang in seiner Garage daran gebastelt, nun will er damit in Produktion gehen und reich werden. Auf der Suche nach einem Investor hat er es geschafft, einen Termin bei Herrn Megareich zu bekommen. Herr Megareich residiert im 57. Stockwerk eines gläsernen Hochhauses in Frankfurt.

Pünktlich betritt Herr Tüftler die große marmorne Eingangshalle. In einiger Entfernung sitzt hinter einem elegant designten Counter eine sehr attraktive dunkelhaarige junge Dame. Mit hallenden Schritten, die Herr Tüftler als viel zu laut empfindet, nähert er sich dem Empfangstisch. »Äh … Guten Tag – mein Name ist Tüftler, ich habe einen Termin mit Herrn Megareich.« »Wie war der Name?« »Äh – Tüftler.« Leicht gelangweilt tippt sie auf ihrer Tastatur herum »Ah ja. Wenn Sie bitte da hinten Platz nehmen möchten. Herr *Doktor* Megareich ist noch in einer Besprechung. Sie werden abgeholt.« Verunsichert durch den Fauxpas mit dem Titel wankt Herr Tüftler nach »da hinten« und lässt sich auf ein Sitzmöbel fallen, dessen Sitzfläche höchstens 20 Zentimeter über dem Boden liegt.

Nach 15 Minuten, es können auch ein paar mehr sein, erscheint ein Mann, der sich nicht vorstellt (es ist, wie Herr Tüftler später erfahren wird, der *Personal Assistant* von Herrn Megareich), und spricht ihn an: »Herr Tüftler?« »Äh – ja?« »Wenn Sie mir bitte folgen möchten« (übrigens eine großartige Formulierung). Der Assistent schreitet zu dem einen Aufzug, den man nur mit einem Iris-Scan verwenden kann. Der Aufzug schnellt ohne Halt in den 57. Stock, und der Assistent führt Herrn Tüftler durch auseinandergleitende Türen und vorbei an zwei unfassbar attraktiven Sekretärinnen, die Herrn Tüftler völlig ignorieren, in einen Besprechungsraum: Philippe-Starck-Design, Fenster bis zum Boden, Blick über ganz Frankfurt und bis in den Taunus, unten winzig klein der Bahnhof, wo Züge ein- und ausfahren. »Die Welt ist Spielzeug« ist die Botschaft des Raumes. »Herr Dr. Megareich wird gleich da sein«, sagt der Assistent und verschwindet.

Herr Tüftler weiß nicht so genau, wohin mit sich – ob er sich hinsetzen kann oder besser nicht – und steht nun wieder etwa zehn Minuten verloren in diesem Raum herum. Dann erscheint wieder der Assistent und sagt: »Herr … äh … Tüftler, Herr Dr. Megareich hat leider gerade einen dringenden Termin hereinbekommen. Ich bin sein *Personal Assistant*. Wie wäre es, wenn wir die Sache schon einmal vorbesprechen würden?« Was nun? Nach dem ganzen Zirkus ist Herr Tüftler inzwischen wahrscheinlich so verunsichert, dass er sagt »Also gut – ich habe da einen … äh … Gartenschlauch erfunden, der sich selbst … äh … zusammenlegt …« und so weiter. Auf diese Weise wird er heute keinen Investor gewinnen. All dieses ganze Zeug, von dem Marmoreingang über den Aufzug bis hin zu den Sekretärinnen, hat vor allem eine Funktion: dass Besucher wie Herr Tüftler sich wie kleine Würste fühlen und sich viel zu schlecht und günstig verkaufen. Oren Klaff nennt diese Statussymbole *Power Frames*.

Auch wenn es angesichts der einschüchternden Kulisse und Inszenierung sehr viel Mut erfordert, muss Herr Tüftler unbedingt die Kontrolle über das Framing gewinnen. Er muss einen eigenen Frame setzen, indem er sich als seltenen, wertvollen und selbstbewussten Besuch darstellt. Statt der stammelnden Antwort oben würde er also auf die Einladung zur Vorbesprechung mit fester Stimme erwidern: »Herr … wie war der Name? … Schneider. Ich habe jetzt eine Viertelstunde Zeit, die warte ich gerne, und dann weiß Herr Megareich ja, wo er mich erreichen kann.« Herr Tüftler setzt sich entspannt auf einen der Stühle. »Hätten Sie vielleicht noch einen Kaffee?« Was meinen Sie, wie schnell der Investor da ist! Doch Herr Megareich ist ein Profi und feuert sofort den nächsten Frame ab – einen *Time Frame*: »Herr Tüftler, ich habe leider nur zehn Minuten Zeit – wenn Sie mir bitte ganz kurz skizzieren würden, was Ihre Idee ist?« Wenn Herr Tüftler diesen Frame nicht erkennt und durchbricht, wird er jetzt versuchen, ganz schnell in zehn Minuten seine Idee zu erläutern. Er wird sich deutlich unter Wert verkaufen. Besser wäre es, Folgendes zu sagen: »Das ist ja wunderbar – ich habe nämlich nur fünf Minuten.« *Time Frames* sind eine wunderbare Sache und werden viel zu wenig eingesetzt – zumindest nach oben. Nach unten hört und liest man immer wieder Sätze wie: »Ich brauche das bis Dienstag.« In die andere Richtung steht in den E-Mails leider meistens: »Ich würde mich über eine baldige Antwort freuen.«

Der richtige Rahmen für den richtigen Zweck

Es gibt noch zahlreiche weitere Frames. Im *Preis-Frame* zum Beispiel geht es um die zentrale Frage, wer oder was eigentlich der Preis ist. Es gibt immer nur einen Preis – der andere versucht, ihn zu gewinnen. Und der Preis müssen immer Sie sein. Wenn die Haltung des Investors ist: »Wir überlegen uns mal, ob wir ein solches Produkt in unser Portfolio aufnehmen wollen«, muss Ihre Haltung sein: »Sie sollten sich eher überlegen, warum ich mit Ihnen zusammenarbeiten sollte.« Das sollten Sie auch explizit so kommunizieren, wenn Sie sehr hochnäsige Typen vor sich sitzen haben. Sie werden erstaunt sein, welches Bedürfnis das in Ihrem Gegenüber auslöst. An dieser Stelle funktioniert unser Reptiliengehirn ganz simpel: Alles, was sich bewegt, ist interessant. Alles, was sich von mir wegbewegt, ist noch interessanter (könnte ja gleich weg sein). Und schließlich: Alles, was schwer zu kriegen ist, ist viel wert. Der Kölner sagt: »Wat nix koss, is nix.« Wer einen Nachtclub aufmacht, muss erst einmal in eine schwere Tür und Türsteher investieren, selbst wenn noch keiner kommt: Wenn es nicht schwer ist reinzukommen, taugt der Laden nichts.

Der *Analyse-Frame* ist ein mieser Frame, der schnell viel Arbeit macht: Könnten Sie uns das noch einmal auf ein paar Seiten zusammenfassen? Schicken Sie doch mal ein »Proposal«. Irgendwelche Fragen nach unnützen Details, die noch ausgearbeitet werden sollen. Wenn der Frame kommt – und er ist oft nicht einfach zu entdecken –, hilft nur eins: sofort klar ablehnen und vertagen auf einen Zeitpunkt, zu dem auf beiden Seiten ein eindeutiges Interesse an einer Zusammenarbeit besteht.

Der *Blood, Sweat & Tears-Frame* ist ein schöner Frame, um den anderen zu höchster Anstrengung zu bewegen: »Was wir vorhaben, ist schwierig, braucht absolute Profis und hundertprozentigen Einsatz. Ohne dieses Commitment brauchen wir nicht weiterzureden.« Wer diesen Frame verwendet, liefert dem anderen Material für seine Helden-story. Denn der Held ist immer nur so groß wie das Monster, das er besiegt.

Oren Klaff beschreibt noch den *»Why now?«-Frame*. Für Start-ups ist er sehr hilfreich: Es gibt ökonomische, technologische und soziale Kräfte, die unser Leben auf diesem Planeten ständig beeinflussen. Um in einem Investor das nötige Bedürfnis zu erzeugen, zuzuschla-gen, beschreibe ich in meinem Pitch diese Kräfte und leite daraus ein *window of opportunity*, ein Gelegenheitsfenster, ab. Ökonomisch: »Nach drei Jahren der Entwicklung sind wir heute endlich so weit, den Wisch-mopp zu einem Preis anbieten zu können, der die Serienreife erst möglich macht.« Technologisch: »Dank der massiven Verbreitung von Smartphones können wir heute eine digitale Infrastruktur aufbauen, die …« und so weiter. Sozial: »Der Klimawandel stellt für uns alle eine enorme Herausforderung dar, der wir uns unmittelbar stellen müssen. Unser Produkt …« und so fort. Dann muss man nur noch androhen, dass sich das Fenster bald schließen wird: »Wir haben noch einen Pa-tentschutz von drei Monaten, wenn wir also jetzt starten, haben wir einen Vorsprung, der kaum einzuholen ist.«

Den wichtigsten Frame, wenn man etwas verkaufen will, habe ich *Killer-Frame* getauft. Er lautet schlicht: *Never be needy* – sei nie bedür-ftig. In dem Moment, wo das Gegenüber spürt oder nur ahnt, dass Sie bedürftig sind, verkaufen Sie gar nichts mehr. Zu Beginn meiner Ar-beit als Schauspieler wusste ich oft nicht, wovon ich im nächsten Mo-nat leben sollte. Ich bin der Esoterik nicht besonders zugeneigt, aber mein Eindruck war, dass ich meine Not in die Welt ausgestrahlt habe und dass mein Telefon umso eiserner schwieg, je größer mein Druck wurde, einen Job zu finden. Irgendwann habe ich beschlossen, dass mir das zu anstrengend ist (was in einer solchen Situation nicht leicht ist). Fortan machte ich einfach schöne Dinge und arbeitete an Sachen, die mir Spaß machten. Schon klingelte das Telefon, und egal, wie gut das Angebot war, ich hatte erst einmal keine Zeit und einen sehr vollen Terminkalender. Jetzt lief der Laden.

Dieser Frame ist der am schwierigsten zu beherrschende. Für ein Verkaufsgespräch bedeutet das: verkaufen, ohne verkaufen zu wollen. Oder jedenfalls nicht zu schnell verkaufen zu wollen. Besser ist es, dem Kunden Lösungen aufzuzeigen und Ideen zu geben. Der Kunde wird dann schon kaufen. Ich habe öfter mit einer Bank gearbeitet, die nachhaltiges Banking betreibt – sozial und ökologisch. Da die Bank nach der Finanzkrise sehr schnell gewachsen ist, sind viele Bankberater zu ihr gewechselt. Sie erzählten mir immer wieder die gleiche Geschichte: In ihrem alten Job herrschte massiver Verkaufsdruck. Morgens wurde festgelegt, wie viele von welchen Finanzprodukten verkauft werden mussten, und wenn ein Mitarbeiter am Abend ein Girokonto verkauft hatte, aber nicht die Kreditkarte dazu, wurde er vor allen anderen gerügt. An der neuen Arbeitsstelle gab es keinen Verkaufsdruck, und es wurde niemand nach seinem Verkaufserfolg bewertet. Alle Berater verkaufen wesentlich mehr als bei ihren alten Arbeitgebern.

In meinen Workshops habe ich immer wieder die Erfahrung gemacht, dass Framing und Statusspiele mit Arroganz, Unverschämtheit, Frechheit und Ähnlichem assoziiert und verwechselt werden. Es gibt auch häufig die Annahme, dass Hochstatus immer etwas Tolles sei oder Unverschämtheit ein Verkaufsgarant. Das wäre ein grundlegendes Missverständnis. Worum es geht, ist die Mechanik der Kommunikation und ihre Wirkung. Wer sie verstanden hat, ist viel besser in der Lage, mir schwierigen kommunikativen Situationen umzugehen. Manchmal sprechen wir mit jemandem und fühlen uns nach kurzer Zeit wie ein kleines Würstchen. Wenn wir dann realisieren (können), dass das Gegenüber nur ein paar ordentliche Statussignale gesetzt und ein paar Frames auf uns abgefeuert hat, können wir uns entspannen und mit viel Humor, Schalk und Lust das Spiel mitspielen. Falls das Gegenüber kein Bewusstsein dafür hat, was es da macht, kann dieses Spiel richtig Spaß machen. Und falls doch, erst recht! Dann ist unser Gehirn, genauer: unser Neocortex, wach, dynamisch, angriffslustig und schnell, und dann entsteht ein genialer Moment – und im Rückblick vielleicht sogar die Peripetie: der Moment, in dem sich alles zum Guten gewendet hat.

Musik machen statt Noten spielen

Im Saal wird es dunkel, das Publikum verstummt langsam, ein paar Zuschauer drücken noch einen letzten vorbeugenden Huster heraus. Nahezu jeder Platz ist besetzt, das Konzert ist seit Wochen ausverkauft. Der Konzertmeister im schwarzen Frack erhebt sich würdevoll. Ein Blick zur Oboistin, die dem Orchester den Kammerton, das eingestrichene a, gibt, nach dem nun alle ihre Instrumente stimmen: Die Bläser zuerst, dann die Streicher. Der Pauker beugt sich noch über einen Paukenkessel und schraubt die Fellspannung auf den passenden Ton. Nun ist es still, gespannte Erwartung im Saal. Nichts passiert, keiner regt sich – Sekunden oder Minuten, schwer zu sagen.

Endlich, wie von Geisterhand, öffnet sich eine Seitentür, und ein Mann betritt die Bühne. Das ganze Orchester erhebt sich – aber weiter als bis zur Hocke kommt es nicht: Dieser Mann ist nicht der Dirigent. Verwirrung. Alle setzen sich wieder, Murmeln im Publikum. Der Mann räuspert sich und klopft auf ein Handmikrofon, das er mitgebracht hat. »Meine Damen und Herren«, beginnt er mit starker Stimme. »Zu meinem größten Bedauern muss ich Ihnen mitteilen, dass der Dirigent des heutigen Abends kurzfristig erkrankt ist. Bis vor wenigen Minuten hatten wir noch Hoffnung, doch er kann nicht auftreten. Das Konzert muss leider ausfallen.«

Das Murmeln wird lauter, die Musiker tuscheln. Der Mann hebt seine Hand. »Ich bitte Sie um Entschuldigung und um Verständnis. So etwas liegt nicht in unserer Hand. Sie können im Foyer ein Gratisgetränk bekommen und gerne noch etwas im Hause bleiben.« Wieder schwillt das Murmeln an, da ruft ein Zuschauer plötzlich laut in den Saal: »Ja kann denn das Orchester nicht ohne Dirigenten spielen?« – Alles verstummt. – Der Mann wendet sich zum Orchester und blickt den Konzertmeister fragend an. Der überlegt, nickt schließlich. Das Publikum kann es nicht fassen und verfällt spontan in Beifall. Der Mann verlässt die Bühne. In seinem Gesicht spiegeln sich offenbar seine Gedanken wider: Es sieht aus, als wisse er nicht, ob er sich sorgen oder freuen soll. Oder schaut er eher verschmitzt?

Nun wird es wieder still im Saal. Die Musiker schauen auf den Konzertmeister, der seine Geige anhebt und sie zweimal im Takt schwenkt, drei, vier – das Orchester spielt. Und es spielt fantastisch. Zwischen den Musikern wird ein Netzwerk an Kommunikation sichtbar, ja geradezu fühlbar. Sie spielen vier Sätze einer Beethoven-Sinfonie. Es sitzt nicht nur jeder Ton, das ganze Werk sprüht vor Energie, musikalischer Dichte, Schönheit. Als der Schlussakkord noch kaum verklungen ist, springt das Publikum auf und applaudiert so laut, so stark, so lange wie selten. Bravorufe, Pfiffe, manche reiben sich die Augen – kann das wahr sein, was sie da gerade erlebt haben?

Da geht erneut die Tür auf, und der Dirigent erscheint. Krank sieht er nicht aus. Er trägt Frack und hält ein Mikrofon in der Hand. Das Publikum verstummt, setzt sich und wundert sich sichtlich. »Verehrtes Publikum«, hebt der Dirigent an, »Sie haben sich bestimmt auch schon einmal gefragt, ob das Orchester wirklich einen Dirigenten braucht und wenn ja, wozu.«

Braucht ein Orchester wirklich einen Dirigenten? Wenn Sie schon einmal im Konzert gewesen sind, mit einem Orchester auf der Bühne, dann haben Sie sich das vielleicht auch schon einmal gefragt. Sie wären damit jedenfalls nicht alleine. Viele Menschen stellen sich diese Frage, auch viele Musiker übrigens – sie ist ja nicht abwegig. Haben Sie den Dirigenten während eines Konzertes jemals spielen gehört? Hat er einen Ton von sich gegeben? Nein, natürlich nicht, denn der Taktstock klingt nicht, er macht keinen Sound. Der Dirigent nimmt also operativ gar nicht am Ergebnis teil, das Orchester spielt allein. So klar Ihnen das jetzt gerade vorkommen mag, vielen Führungskräften ist das mit Blick auf ihre Tätigkeit in keiner Weise bewusst. Dabei gilt für sehr viele Führungsaufgaben, dass die führende Person am Produktionsprozess nicht aktiv teilnimmt und am Einzelergebnis keinen Anteil hat.

Hinzu kommt noch, dass der Dirigent kaum eines der Instrumente beherrscht, die seine Musiker spielen. Brauchen sie ihn also überhaupt und wenn ja, wofür? Unser Dirigent in meiner kurzen Einleitung konfrontiert sein Publikum sehr drastisch mit diesem Thema und stellt damit seine eigene Rolle radikal infrage. Darum geht es mir: radikal neu zu fragen, wozu es den Dirigenten, wozu es die Führungskraft braucht und was dazu nötig ist, dass sie zur Wertschaffung beitragen kann.

Dieser Frage gehe ich in Führungsseminaren nach, in denen die Führungskräfte zwischen Musikern eines professionellen Sinfonieorchesters Platz nehmen. Die Teilnehmer sind also mittendrin im Geschehen und beobachten die Interaktion zwischen Orchester und Dirigent. Die Analogie von Dirigent und Führungskraft sowie von Orchester und Unternehmen oder Team eignet sich wunderbar, um Führungsprinzipien erfahrbar zu machen und die Kunst wirksamer Führung zu untersuchen. Ich engagiere dazu an allen Seminarorten Orchester, deren Musiker meinen Workshop nach Möglichkeit noch nicht kennen. Alles, was dann auf der Bühne passiert, auch die Reflexion mit den Musikern, entsteht somit live im Seminar, was die Sache ungeheuer spannend macht – auch für mich. Die Eingangsgeschichte erleben die Teilnehmer in etwas abgewandelter Form auch in meinen Workshops. Sie endet stets mit großem Applaus für das Orchester – und großen Fragezeichen, wie ich als Dirigent wohl aus der Nummer wieder herauskomme. Doch dazu später mehr.

Die allermeisten Werke der klassischen Orchesterliteratur bis in die romantische Zeit hinein kann ein Orchester auch ohne Dirigenten spielen. Sie sind vom koordinativen Zusammenspiel her nicht so komplex, dass es eine gesonderte Leitung bräuchte. Und in der Tat hat sich die heutige Rolle des Dirigenten musikgeschichtlich auch erst Mitte des 19. Jahrhunderts herausgebildet. Bis dahin war es völlig selbstverständlich, dass die Ensembles vom Konzertmeister, durch den Solisten oder vom Cembalo aus geleitet wurden. Das heißt, die naheliegenden Aufgaben des Dirigenten, Einsätze zu geben und den Takt zu schlagen, sind nur bei komplexeren Werken überhaupt notwendig. Doch wenn sich die Aufgabe des Dirigenten nur auf die eines technischen Koordinators beschränken würde, könnte ich das Buch an dieser Stelle beenden und stattdessen einen Leitfaden für die technische Leitung eines Orchesters schreiben.

Offenkundig gibt es aber eine andere Dimension, eine weniger sichtbare, die dafür sehr viel hörbarer wird und die uns Entscheidendes über die Kunst des wirksamen Führens verrät. Man muss sich dazu allerdings zunächst einmal fragen, worum es Musikern eigentlich geht, wenn sie sich auf die Bühne begeben. Wenn wir profane Dinge wie Geld und materielle Absicherung oder die Anerkennung der eigenen Leistung einmal beiseitelassen, dann ist es wohl am ehesten das Ziel eines Musikers, eine Wirkung zu erzielen, das heißt konkret: Menschen in ihrem Innersten zu berühren. Die Begeisterung, die das auslöst, strahlt auf den Musiker zurück, was ihm selbst Befriedigung beschert.

Nur wann gelingt das eigentlich? Isaac Stern, einer der großen Geiger des 20. Jahrhunderts, sagte einmal: »The greatest crime of a musician is to play notes instead of making music.« Dieser Satz ist für mich zu einem zentralen Leitsatz geworden, und zwar weit über die Musik hinaus. »Musik machen statt Noten spielen« ist die Grundvoraussetzung für die nicht allein künstlerische Peripetie – dafür, dass wir Menschen berühren und Dinge verändern können.

Schauen wir uns einmal an, was das heißt: »Musik machen« im Verhältnis zu »Noten spielen«. Auch wenn Sie kein regelmäßiger Konzertgänger sind, können Sie sicherlich gut nachempfinden, wie ich Konzertbesuche erlebe. Zunächst brauche ich häufig etwas Zeit, bis ich wirklich im Konzertsaal angekommen bin. Anfangs läuft noch der Film des Tages vor meinem inneren Auge ab, dann fahre ich langsam runter, der Körper kommt zur Ruhe. Diese Phase des Übergangs dauert manchmal bis zu zehn Minuten, besser nur zwei, und idealerweise schaffe ich es, diesen Teil zu überspringen. Anschließend bin ich voll da und bereit, mich auf die Musik einzulassen. Ab dann teilen sich die Konzerterfahrungen in zwei Sorten.

Die eine läuft in etwa folgendermaßen ab: Nach wenigen Minuten nehme ich mir das Programmheft vor und lese die Aufsätze über die Werke des Abends. Dann versuche ich zu hören, was ich gerade gelesen habe, habe durch das Lesen aber leider mindestens schon den ersten Satz hinter mir gelassen. Also nehme ich kurz darauf das Programmheft wieder zur Hand, um die Biografien der Künstler zu lesen. Dann schaue ich mir die Musiker an, zähle die Anzahl erste Geigen und wundere mich zum Beispiel über das Verhältnis zur Anzahl Celli und Kontrabässe. Warum hat dieser Flötist eigentlich blaue Socken an, und darf man Kummerbund zum Frack tragen, oder gehört der nicht zum Smoking? Dann habe ich schon wieder das Programmheft in der Hand, und weil ich bereits alles gelesen habe, studiere ich nun die Werbung. Was werde ich wohl in der Pause trinken, lieber ein

Glas Sekt oder Bitter Lemon? Ich bewundere den Saal, wundere mich über das Publikum, denke schlecht über penetrante Huster und wandere mit den Augen die Reihen auf und ab. Dann schaue ich auf die Uhr, überlege mir, wie lange die erste Hälfte des Konzertes wohl noch dauern wird, und fange an zu rechnen. Wir sind im dritten Satz von vieren, es ist 20.32 Uhr. Wenn der erste Satz vielleicht 15 Minuten gedauert hat und der zweite 10, dann müsste vermutlich in ungefähr 15 Minuten die Pause beginnen. Und so weiter. Kommt Ihnen das bekannt vor?

Die andere Sorte von Konzerterfahrungen läuft eher so ab: Ich tauche tief ein in die Musik und beobachte den motivischen Verlauf durch die Stimmgruppen des Orchesters. Wie unendlich leise das Orchester doch spielen kann, und mit welcher Klarheit der Klang dennoch in meine Ohren dringt! Ich wünsche mir, dass der langsame Satz noch nicht so bald zu Ende geht und ich das Hauptthema der Oboe noch ein paar Mal genießen darf. Der warme Klang der Streicher ist wie Balsam in meinen Ohren. Ich setze mich möglichst aufrecht in den Stuhl, weil ich empfinde, dass die Musik mich dann noch besser durchdringen kann. Der Saal ist mucksmäuschenstill, kaum Huster sind zu hören. Ich habe das Gefühl, dass mein Puls sich an den Rhythmus der Musik anpasst, und wenn es dann in der Coda des letzten Satzes zur Steigerung kommt, sich eine Instrumentengruppe zur anderen fügt, der Klang immer lauter und intensiver wird, stellen sich die Haare auf meinen Armen zur Gänsehaut auf. Gebannt höre ich die acht Hörner, wie sie unisono das Hauptthema über den flirrenden Streicherklängen und galoppierenden Tonleitern der Holzbläser schmettern. Dann, plötzlich, bricht das gesamte Klanggerüst ein, das Werk endet im Pianissimo, und der Dirigent verharrt lange noch nach Verklingen des Schlussakkords. Die Luft im Saal ist zum Zerschneiden, die Spannung steigt in der Stille noch an, ich halte den Atem zurück, das Wasser drückt sich von innen gegen die Augenlider, und ich denke: »Bitte nicht, bitte nicht klatschen, lasst uns das noch ein paar Sekunden genießen!« Meistens platzt es dann doch aus einem heraus, der nicht ganz bei der Sache war. Und dann ist der Applaus nicht mehr zu stoppen, alles fällt ab. Erst jetzt merke ich, wie angespannt meine Muskeln gewesen waren.

Wenn Sie das einmal erlebt haben, dann haben Sie erlebt, was ich mit »Musik machen« meine. Das ist einer dieser genialen Momente, die man nicht vorhersehen und nicht mutwillig herbeizaubern kann, sondern bei denen plötzlich alles stimmt und die aus dem Team dort auf der Bühne heraus entstanden sind. Es ist eine dieser Erfahrungen, in der die Genialität und Schönheit der Schöpfung plötzlich greifbar wird. Das ist einer dieser Abende, die Wirkung in mir entfalten, an denen ich anders nach Hause gehe, als ich ins Konzert hineingegangen bin, in denen echte Veränderung stattfindet.

Nicht, dass das Empfinden für jeden an diesem Abend gleich gewesen wäre, es braucht auch die eigene Empfänglichkeit für die genialen Momente. Im Falle der ersten Variante kann es auch an mir gelegen haben, weil ich mich zum Beispiel über jemanden geärgert habe, das Stück nicht mochte, zu müde war oder Vorurteile über die Musiker hatte. Aber in der zweiten Variante können Sie sicher sein, dass die da vorne es geschafft haben, Musik zu machen, statt Noten zu spielen. Es passiert mir leider nicht oft, dass beides zusammenkommt: meine eigene innere Offenheit und das musikalische Ereignis auf der Bühne. Viel zu oft spielt sich alles im Durchschnittlichen ab – leider. Aber wenn es einmal wieder geschehen ist, dann ist das ein Erlebnis, von dem ich lange zehre.

Was passiert bei einem solch gelungenen Ereignis musikalisch? Die Noten, Vorzeichen und Regieanweisungen zu Dynamik oder Artikulation bilden immer nur ein Minimum von dem ab, was der Komponist ausdrücken möchte, sie sind sozusagen der kleinste gemeinsame Nenner zwischen Komponist und Ausführenden. Die Musik entsteht dazwischen. Um nochmals Isaac Stern zu bemühen: »Music is the thousandth of a millisecond between one note and another; how you get from one to the other – that's where the music is.« Im Orchester ist das musikalische Ergebnis klar abhängig davon, ob die Musiker eins werden in ihrem Spielen, ob sie *ein* Klangkörper werden, und ob sie bereit sind, etwas von sich selbst in die Musik hineinzulegen. Wo das gelingt, da entsteht etwas viel Größeres, als es synthetisch jemals erzeugt werden könnte, etwas, das mehr ist als die Summe der einzelnen Instrumente und ihrer Spieler.

Im übertragenen Sinne gilt all das natürlich für vieles, was wir so tun in unserem Leben: Spielen wir nur Noten, die wir in unserem Alltag vorfinden, die wir uns selber geschrieben oder in unseren Köpfen erdacht haben? Bleiben wir in den Schranken des zweidimensionalen Abbilds dessen, was wir eigentlich schöpfen und bewegen könnten? Oder machen wir Musik und gestalten das, was zwischen den Noten des täglichen Trotts passiert, um auf eine ungleich stärkere Weise wirksam zu werden?

Nachdem wir im vorderen Teil dieses Buches, »Auf der Bühne durch die Wand gehen«, vor allem auf das Individuum geschaut haben und darauf, wie es wirksam wird, werden wir nun die Rolle und Aufgabe der Führungskraft, des Leiters, des Dirigenten im Zusammenspiel mit einer Gruppe von Menschen betrachten. Wie schafft er es, sein Team in diese Veränderungsmomente zu führen und wirksam zu werden mit dem gemeinsamen Produkt? Welche Hebel führen dazu, dass das Team Musik macht, statt Noten zu spielen? Und geht es nicht um ganz andere Dinge, als Einsätze zu geben und den Takt zu schlagen? In meinem oben beschriebenen Workshop-Beispiel kehre ich mit einer völlig anderen Funktion an das Pult zurück, als ich es verlassen habe. Das Orchester hatte soeben bewiesen, dass es völlig ohne Dirigenten spielen kann. Und ich, der ich meine Position und Rolle damit komplett infrage gestellt hatte, beschäftige mich im weiteren Verlauf des Workshops damit, welche andere Funktion der Dirigent dann hat, welche anderen Aufgaben denn dann wesentlich sind.

Dasselbe möchte ich in den folgenden Kapiteln tun. Ich werde dabei im Wesentlichen über Dirigenten und Musiker schreiben, denn Musik ist immer ein Teil meines Lebens gewesen. Vor allem aber sind Musik und speziell das Bild des Dirigenten und seines Orchesters eine großartige Analogie für viele allgemeingültige Aspekte des Führens. Ich möchte Sie daher einladen, dieses Bild auf die Welt außerhalb des Konzertsaals, auf Ihre persönliche Arbeitswelt zu übertragen: Da ist der Dirigent, den wir als universales Abbild einer Führungsfigur betrachten können. Da ist das Orchester als die Gruppe, auf die der Dirigent unmittelbar Einfluss nimmt, unser Team, das Unternehmen, die Organisation. Und da ist das Publikum als die Gruppe, die wir mit unseren Ergebnissen erreichen und bewegen wollen – Kunden, Shareholder, Stakeholder, die Öffentlichkeit. Da sich letztere unserer direkten Einflussnahme entzieht, schauen wir uns vor allem die Beziehung Orchester und Dirigent näher an, um herauszuarbeiten, wie die größte Wirksamkeit beim Publikum erzielt werden kann, wie Veränderung möglich wird und geniale Momente der Peripetie entstehen können.

Mythos Orchester

Damit Sie alles Weitere gut einordnen und dann auch auf Ihre Arbeitswelt übertragen können, gestatten Sie mir einen kurzen erläuternden Exkurs in die Lebenswirklichkeit eines Musikers. Schauen wir dabei zunächst auf das Team, mit dem wir es zu tun haben, das Orchester. Viele Menschen haben ein recht romantisches Bild vom Orchestermusiker als einem stets intrinsisch motivierten Künstler, der seine ganze Persönlichkeit in die Musik gibt, beim Spiel leidenschaftlich in seinem Instrument aufgeht und während des Konzertes an nichts anderes denkt. Dieses Idealbild entspricht leider keineswegs dem Alltag. Das Spielen im Orchester mit den immer gleichen Kollegen am 4. Pult wird nach wenigen Jahren genauso Alltag wie jeder andere Job. Die vielen Dirigenten, die man hat ein und aus gehen sehen und die sich wichtigmachen, der nervige Kollege, Neid und Missgunst, der immerwährende Druck zu performen und viele andere Dinge machen es nicht leichter.

Man muss sich klarmachen, dass viele Orchestermusiker einmal anders angetreten sind: In der Kindheit war man besonders, weil man etwas besser konnte als die anderen, die Bühne war eine stete Verlockung, Lob und Anerkennung für das Wunderkind waren eine Droge. Im Jugendorchester hat man alles gegeben, das gemeinsame Musizieren war wie der siebente Himmel. Das Studium faszinierte, weil man plötzlich mit anderen Musikern auf gleichem Level spielen konnte, musikalische Träume ließen sich endlich realisieren, weil die anderen genauso gut oder besser waren. Man wurde unterrichtet von seinen Idolen der Musikwelt, machte Meisterkurse, fühlte sich als Teil von etwas ganz Großem. Dann kamen die Wettbewerbe, die solistische Karriere klappte nicht so wie erhofft, man machte Probespiele in Orchestern, steckte 20 Niederlagen ein, schaute sich in der zweiten Liga um und landete dann in einem der vielen großen städtischen Orchester (übrigens keinesfalls herabzuwürdigen: ein Glücksfall für unser Land, dass wir diese weite und hochqualitative Orchesterlandschaft haben dürfen). Und da ist man noch heute. Tarifvertrag, sicheres Einkommen und langfristige Bindung fühlen sich gut an, allerdings gilt hier: einmal zweite Geige, immer zweite Geige. Nebenher baut man sich ein Streichquartett auf, unterrichtet, spielt als Aushilfe in anderen Orchestern mit. Der sichere Job im Stammorchester wird zur ungeliebten Nebensache. Man hat vielleicht Familie und muss an Abenden und am Wochenende arbeiten. Mit durchschnittlichen Dirigenten muss man Stücke proben, die man schon unter zehn besseren Dirigenten besser gespielt hat. Dabei war man doch als Künstler einmal anders gestartet und hat seine eigene Idee von einem Stück, das der Dirigent da vorne viel zu schnell und routiniert abdirigiert. Nun hat man Ärger mit Kollegen, es gibt Neid. Man findet es ungerecht, dass der Tubist nur halb so viele Konzerte spielen muss, weil die Tuba in vielen Werken nicht gefordert ist, aber dennoch das gleiche Honorar bekommt. Die Musikjournalisten haben sich gegen das Orchester verschworen und schreiben jedes Konzert schlecht und so weiter. Diese Wahrnehmung von innen kann zu einer negativen Spirale werden.

Das Interessante ist, dass sich Orchestermusiker zutiefst committet fühlen, zugleich aber oft sehr unzufrieden sind. In den USA gab es in den 90er Jahren eine berühmt gewordene Umfrage zur Arbeitsmoral verschiedener Berufsgruppen. Richard Hackman, ein Psychologieprofessor an der Harvard University (und ein großer Musikliebhaber), befragte Musiker aus 27 Orchestern der USA, Großbritanniens und Deutschlands. Der Orchestermusiker landete bei der Frage nach der Jobzufriedenheit ungefähr in der Mitte der Liste, gleich hinter dem Gefängniswärter und unmittelbar vor dem Fließbandarbeiter. Ohne die anderen Jobs werten zu wollen, hat mich das Ergebnis doch sehr überrascht.

Zugleich aber war die innere Motivation bei keiner anderen Berufsgruppe so hoch wie beim Musiker. Das heißt, dass wir hier ein gewaltiges Potenzial haben, dass unser Team, unser Orchester geradezu darauf hofft und wartet, dass diese Veränderungsmomente passieren, bei denen alles stimmt und dem Zuhörer die Tränen kommen. Aber wiederkehrende negative Erlebnisse frustrieren die Musiker offenbar immer wieder und verhindern, dass diese Momente häufiger entstehen. Dirigenten gegenüber hat das Orchester meist zunächst Misstrauen, anstatt mit Zuversicht der nächsten Probenphase entgegenzusehen. Orchester entscheiden sehr schnell, ob sie einem Dirigenten folgen oder nicht. Und wenn sie ihm nicht folgen, dann sind sie so gut konditioniert, dass sie quasi ohne ihn spielen. Das betrifft vor allem junge, unerfahrene Dirigenten. Dirigieren ist dann eine einsame Angelegenheit. Man muss schon sehr gut oder sehr solide sein, um sich da nach oben zu kämpfen.

Eine besondere Position nimmt der Chefdirigent des Orchesters ein, der wohl der Führungskraft im Unternehmen am nächsten steht, da er konstant mit seinem Orchester zusammenarbeitet; die anderen sind eher wie Chefs in der Matrix, die inhaltlich zu bestimmten Themen etwas zu sagen haben, aber nicht direkt disziplinarisch. Für die meisten Dinge, die wir betrachten werden, ist diese Unterscheidung aber unerheblich. Entscheidend ist die Frage, wie man es als Führungsperson schaffen kann, ein Team zu außergewöhnlich guten Ergebnissen zu führen und damit etwas in dieser Welt zu bewegen. Dazu ein zweiter kurzer Vorabblick, diesmal auf die Figur des Dirigenten.

Die letzte Bastion autokratischer Führung

Es ist ein schmaler Grat zwischen dem Gestalten von Musik und dem bloßen Schlagen des Takts, auf dem der Dirigent sich bewegt. Die Musiker können bisweilen sehr unerbittlich sein in der Entscheidung, ob sie lediglich Dienst nach Vorschrift machen oder bereit sind, sich mit dem Dirigenten auf die Musik einzulassen. Itzhak Perlman, einer der bedeutendsten zeitgenössischen Geiger, sagte einmal. »I don't feel that the conductor has real power. The orchestra has the power, and every member of it knows instantaneously if you're just beating time.« Wenn der Dirigent lediglich den Takt schlägt, wird er das Orchester nicht dazu bewegen können, Musik zu machen, statt Noten zu spielen. Die Entscheidung hierzu hat das Orchester letztlich selbst in der Hand.

Interessanterweise werden Dirigenten dennoch oft als letzte Bastion autokratischer Führung gesehen und Orchester als starre Gebilde hierarchischer Subordination. Deshalb finden sich in der Literatur zahlreiche Artikel darüber, warum das Orchester als Analogie eigentlich unbrauchbar sei oder es einer überholten Führungskultur entspräche und weshalb man heute in der agilen Unternehmenswelt viel eher das Jazzensemble als Beispiel nutzen solle. Natürlich spielt das Team in der heutigen Unternehmenswelt bereits eine viel eigenständigere Rolle als früher. Und wir sehen Modelle, in denen klassische Hierarchien aufgelöst und die Aufgaben der Führungskräfte in Module unterteilt einzelnen Teammitgliedern zugewiesen werden. Auch geht die Entwicklung weg von dem einen Patriarchen hin zu Führungsteams. Welche Modelle sich auch durchsetzen mögen, es bleibt allen wesensgleich, dass die Teams mehr Verantwortung bekommen und eigenständiger agieren sollen.

Ich glaube aber nicht, dass für diese begrüßenswerte Entwicklung die Struktur die entscheidende Weichenstellung ist, sondern vielmehr die Haltung des Teams und der Führungspersonen – unabhängig von Hierarchiesystem oder Aufbaustruktur. Und darum geht es mir in den folgenden Kapiteln zuvorderst: Welche Haltung ist notwendig, damit wir Wandel schaffen und Teams dahin führen, Musik zu machen, statt Noten zu spielen?

Vor diesem Hintergrund möchte ich die Eingangsfrage, *ob* es den Dirigenten braucht, gerne zuspitzen hin zu der Frage, *wozu* es ihn braucht. Und sollte sich nichts finden, das ihn notwendig macht, dann können wir seine Rolle und Aufgabe grundsätzlich hinterfragen. Einstweilen lassen Sie uns einmal annehmen, es bräuchte ihn. Was kann er tun, wie sollte er es tun und in welcher Haltung? Ich möchte die vielen Puzzleteile, die hier zusammenkommen müssen, gerne auf vier Blöcke verteilen, die uns als Überschriften dienen können: 1. eine Vision vertreten, 2. die größere Perspektive einbringen, 3. kreative Räume schaffen und 4. dienend führen.

1. Eine Vision vertreten

Um eine Vision vertreten zu können, muss man zunächst einmal eine haben. Ohne Vision läuft jede Art der Führung ins Leere. Ein großartig geführtes Team wird nicht eins werden, wenn es keiner gemeinsamen Vision folgt. Ich schreibe hier bewusst »gemeinsam«, denn es irrt gewaltig, wer denkt, dass sein Team keine Visionen habe, wenn er oder sie keine vorgäbe. Es ist vielmehr so, dass dann jeder im Team seine eigene Vision hat. Wie sich das anhört, kann man wunderbar an einem Musikerteam erlebbar machen.

Eine Vision oder viele

Einmal habe ich ein Bläserquintett auf die Bühne gestellt (zwei Trompeten, Horn, Posaune, Tuba) und ein Stück spielen lassen, es war »Freude, schöner Götterfunken« aus Ludwig van Beethovens Neunter Sinfonie op. 125, hierzulande auch als Europahymne wiederverwertet und daher jedem Zuhörer im Ohr. Die Bläser spielten ungeprobt, also vom Blatt. Danach fragte ich zunächst das Publikum, ob das Team wohl alles richtig gemacht habe oder es weitere Möglichkeiten gäbe, das Stück in dieser Besetzung zu spielen. Jemand aus dem Publikum kam auf die Idee, man hätte es auch schneller, langsamer, lauter oder leiser spielen können. Ein anderer besann sich auf den Text, der uns eine Richtung geben könnte: »Freude«, lautet doch schon das erste Wort. Also ließen wir das Bläserquintett dieselbe Musik so richtig freudig spielen – was unter anderem bedeutete, dass sie schneller und lauter spielten. Deshalb diskutierten wir, ob man die Freude nicht auch verhalten und leise spielen könne, damit sie steigerungsfähig bleibe. Gesagt, getan: Jetzt bekamen wir die Freude als introvertiertes Glück zu hören. Dann bot ich an, dass wir kontraintuitiv eine andere Stimmung zugrunde legen könnten. Daraufhin meinte jemand, er sei schon etwas genervt von diesem Stück, weil es omnipräsent geworden sei. Folglich hörten wir es nun in genervter Grundhaltung, was geschobene Töne zur Folge hatte und viel Gleichförmigkeit im Klang. Wie wäre traurig, aggressiv, ulkig, fragend und so weiter? Als wir mit den Stimmungen durch waren, sagte ich den Musikern: Die erste Trompete spielt jetzt bitte fröhlich, die zweite verhalten, das Horn genervt, die Posaune traurig und die Tuba aggressiv. Ein Experiment. Man kann sich schon beim Lesen ausmalen, was passiert ist: Die Musiker mussten abbrechen vor Lachen, das Publikum lag unter den Stühlen. So eine absurde Version hatten wir alle noch nicht gehört.

Mit diesem Beispiel wollte ich zeigen, dass schon beim ersten Durchspielen jeder einer Vision gefolgt war, nämlich der seiner eigenen Vorstellung – nur dass dies viel weniger krass oder kakofonisch klang, sondern eher einfach uninspiriert. Denn Musiker sind darauf trainiert, aufeinander zu hören und ihr Spiel aneinander auszurichten. Das kann den Eindruck erwecken, sie würden einer bewussten Linie folgen, auch wenn es in Wahrheit eine eher zufällige ist. So funktionieren gute Teams, sie können sich agil im Raum bewegen, weil sich ihre Mitglieder aufeinander verlassen können. Aber ein gutes und ehrgeiziges Team sehnt sich auch danach, einen gemeinsamen Weg einzuschlagen und einer gemeinsamen Vision zu folgen – nicht nur das Musikensemble. Wenn einzelne Mitarbeiter diese Sehnsucht nicht teilen, was ja ebenfalls überall vorkommt, liegt das meistens daran, dass sie nie positiv erlebt haben, in eine Vision eingebunden zu sein.

Nur der Vollständigkeit halber und für Musikkenner sei hier erwähnt, dass Visionen im musikalischen Kontext etwas anders zu verstehen sind als in meinem Beispiel. Meist sind Visionen hier viel abstrakter als eine Stimmung oder programmatische Idee, häufig werden aber Bilder oder Gefühle verwendet, um sie anschaulich zu machen. Sie entstehen aus einer Mischung aus musikalischem und historischem Kontext der Komposition, Inspiration und Intuition, den Persönlichkeiten der Musiker und dem Kontext der Aufführung.

Wer führt, muss etwas zu sagen haben

Es gibt natürlich Möglichkeiten, sich ohne einen explizit ernannten Leiter auf eine Vision zu einigen – das erwähnte Bläserquintett beispielsweise ist sicherlich klein genug, um dafür Wege zu finden. Doch wenn es eine Führungsperson gibt, dann *muss* sie eine Vision haben. Simpel gesprochen können Sie keine Gruppe über einen Berg führen, wenn Sie nicht das Ziel haben, auf die andere Seite zu gelangen.

Mir sagte einmal der Konzertmeister eines Spitzenorchesters in einem meiner Seminare, nachdem wir gerade verschiedene Führungstypen durchgesprochen hatten: »Es ist mir nicht wichtig, wie der Dirigent führt, er muss mir etwas zu sagen haben!« Der Satz saß, insbesondere weil ich gerade 120 Führungskräfte zwischen den Musikern sitzen hatte, denen wir mitgeben wollten, wie wichtig *gute* Führung ist. So weit ist es schon gekommen, dachte ich, dass auf diesem Niveau eines Spitzenmusikers vor der Frage kapituliert wird, wie man geführt werden möchte. Aber mir wurde auch klar, dass der Kern der Aussage dem tiefen Bedürfnis dieses Musikers nach künstlerischer Vision entsprang. Unter zwei Übeln, dem langweiligen Abspielen von Noten unter einem austauschbaren, taktschlagenden Dirigenten und dem Höchstleistungsdruck eines großen Künstlers, der die Musik aus den Musikern nötigenfalls mit Gewalt herauszwingt, ist das letztere für ihn das bessere. Denn als Künstler war dieser Geiger angetreten, mit den besten Künstlern musikalische Hochgefühle zu produzieren und nicht in Gemütlichkeit seinen Dienst im Orchester abzusitzen.

Einige wirklich große Dirigenten sind sozial unverträglich, Narzissten, Diven, sind hart zu sich selbst und zu anderen oder haben einfach einen anderen Fokus, nämlich die Kunst als höchste Priorität – wer da nicht mitgehen möchte, kann ja woanders spielen. Wer mit diesen Künstlern arbeiten will, der muss eben akzeptieren, dass ein anderer Umgang herrscht.

Aber können wir dann an dieser Stelle schließen? Nein, sollten wir nicht und schauen wir lieber genauer hin. Richtig ist der zweite Halbsatz des Konzertmeisters: »Der Dirigent muss mir etwas zu sagen haben.« Ein Orchester spürt, ob der Dirigent kompetent ist, ob er künstlerisch etwas zu geben hat und ob es sich lohnt, ihm zu folgen. Und wenn nicht, dann kann der Dirigent eigentlich einpacken. Dann spielt das Orchester sowieso ohne ihn, dem Gedanken folgend: Immer noch besser, ohne Dirigent so zu spielen wie immer, als mit Dirigent schlechter. Je erfahrener und selbstbewusster das Orchester ist, desto schwerer hat es der Dirigent. Das ist eigentlich eine heilsame Qualitätsauslese auf dem Weg nach oben. Da ist das Orchester unerbittlich und mächtig. Im Unternehmen haben es die Mitarbeiter meist schwerer, ihren Chef zu ignorieren, da sie für einen langen Zeitraum unter derselben Person arbeiten müssen. Erst in den letzten Jahren kam mittels 360-Grad-Feedback ein Bottom-up-Element in die Chefauslese hinein. Allerdings haben Mitarbeiter schon in allen Unternehmen Wege gefunden, an ihrem Chef vorbeizumanövrieren.

Wir können also festhalten, dass es wesenhaft mit dem Begriff guter Führung verbunden ist, eine Vision zu haben. Das ist fast schon ein Hygienefaktor, also eine Eigenschaft, die als selbstverständlich vorausgesetzt wird und bei deren Mangel Unzufriedenheit aufkommt. Nun kann ich mich als Teammitglied, gemäß dem zitierten Musiker, auf den Standpunkt stellen, dass dies ausreicht und ich den Rest, also schlechte Führung, eben notfalls akzeptieren muss. Wenn ich vom Ergebnis ausgehe, kann dieser Standpunkt sogar naheliegend sein: Wenn ganz große Künstler aufeinandertreffen, also Ausnahmedirigenten mit fantastischen Orchestern, dann besteht eine hohe Chance, dass auch große Kunst herauskommt. Das liegt dann meist daran, dass die Musiker vorne auf der Stuhlkante sitzen, voll bei der Sache sind, alles geben und hoher Druck herrscht. Hinzu kommt noch ein gut Maß an Mythos, das den Dirigenten umgibt und ihn unantastbar macht. Dann wird vieles verziehen, so manche Marotte, Unflätigkeit und so weiter weggesteckt, weil man Teil von etwas ganz Großem sein darf.

Damit komme ich zurück zum ersten Halbsatz des Konzertmeisters: »Es ist mir nicht wichtig, wie der Dirigent führt.« Mit den Seminarteilnehmern habe ich diesen Einwurf anschließend diskutiert. Man war sich einig, es sei bedauerlich, dass ein Musiker so etwas sagen müsse, weil er offenbar schon so viele Enttäuschungen infolge schlechter Führung erlitten habe. Ich bin da etwas pragmatischer – wir sind ja alle frei in unseren Entscheidungen. Um es sehr drastisch auszudrücken: Es kann sich künstlerisch lohnen, mit Dirigenten zu arbeiten, die Musiker wie Vieh behandeln, weil sie damit einen harten und unerbittlichen Ausleseprozess durchprügeln können, an dessen Ende nur noch diejenigen Musiker übrig bleiben, die qualitativ und nervlich in der Lage sind, mit diesem Dirigenten zu arbeiten. Doch man sollte dabei nicht die Verlierer eines solchen Prozesses vergessen, die durch das Sieb fallen und menschlich Schaden erleiden. Und mit Blick auf unsere Führung ist das Folgende entscheidend: Wenn eine Vision zu haben ein Hygienefaktor ist, können wir den Unterschied nur in der Frage machen, *wie* wir Menschen führen. Wir sollten nicht verdrängen, dass die allermeisten Chefs nicht zu der Handvoll mythenumwobener Gestalten gehören, denen man alles verzeiht – weder im musikalischen Raum noch in der freien Wirtschaft. Und wir mit der allergrößten Wahrscheinlichkeit auch nicht. Betrachten wir die genialische Führungskraft daher bitte als Sonderfall und wenden uns der Frage zu, in welcher Weise gute Führung Einfluss darauf haben kann, ob unser Publikum Musik erleben darf oder nur Noten hört.

Die Vision ist dem Klang einen Schritt voraus

Eine Vision ist niemals fertig, sie ist immer ein Prozess und immer im Wandel. Wenn wir uns nicht mehr bewegen, werden wir starr – das gilt in besonderem Maße für die Musik. Und wir haben es hier in der Durchführung mit Menschen zu tun, die etwas von ihrer Persönlichkeit hineingeben können. Wer also meint, er könne die Vision erst festschreiben und dann in den Probenprozess gehen, dem wird keine große Kunst gelingen. Gerade in der Auseinandersetzung mit dem inhaltlichen Angebot der Musiker, wie zum Beispiel der Flötist sein Thema interpretiert, entsteht häufig noch einmal Neues. Der Dirigent muss in der Lage sein, diese Angebote seiner Musiker aufzunehmen, die Spontaneität der Musik mit seiner Vision zusammenzuführen und beides im Moment des Geschehens zu dirigieren.

Das heißt auch, dass es der Tod jeder Musik ist, wenn sie zu Ende geprobt wird. Vielleicht kennen Sie das Folgende: Sie hören eine technisch absolut perfekte Wiedergabe, aber sie berührt Sie nicht. Woran liegt das? Daran, dass entweder der Raum für das Spontane fehlte oder keine gemeinsame Vision entwickelt und umgesetzt wurde. Viel zu häufig beschränken sich Dirigenten darauf, technische Anweisungen zu geben, die sich aus Lautstärke und Artikulation zusammensetzen. Damit bekommt man vor allem ein gut funktionierendes Miteinander, im besten Fall sogar eine technisch perfekte Version des Stückes. Aber es braucht beides, Vision und Spontaneität, und jemanden, der das führen kann. Die besten Dirigenten spulen im Konzert nicht ab, was vorher geprobt worden ist, denn dann kann zwischen den Noten nichts entstehen. Sie fordern ihre Musiker im Konzert immer neu heraus, warten mit überraschenden Gesten und Wendungen auf und erzwingen damit höchste Aufmerksamkeit, eben das »Auf-der-Stuhlkante-sitzen«. Ein herausragendes Ergebnis erfordert das Spontane, die Agilität, die Kommunikation im Orchester über das, was gerade passiert.

Dazu muss auch der Dirigent die Bereitschaft aufbringen, dass seine Musiker im Konzert Neues liefern, und bereit sein zu akzeptieren, dass auch einmal etwas danebengeht. Gerade in der heutigen von Unsicherheit und Unwägbarkeiten geprägten Zeit ist der Wunsch nach Sicherheit vielleicht größer als jemals zuvor. Fatalerweise haben wir nur einen Bruchteil unseres Lebens selbst im Griff. Die ganz großen Themen wie Tod, Krankheit, Unfälle bei uns selbst oder unseren Nächsten können wir nicht oder nur sehr eingeschränkt kontrollieren. Vielleicht in Reaktion darauf versuchen wir, von dem viel weniger wichtigen Bruchteil möglichst viel abzusichern. Und am liebsten ist es uns, wenn wir – im übertragenen Sinne nun – alles bis ins Letzte geprobt haben und quasi nichts mehr schiefgehen kann. Das Problem damit ist, dass wir dann ewig in Durchschnittlichkeit verharren. Ich bin daher gut beraten, zu Unsicherheiten, Risiken und offenen Prozessen eine positive Grundeinstellung zu entwickeln, denn darin liegt Lebendigkeit, und damit wird Musik erst spannend. Das muss ich zuerst mit mir selbst ausmachen und dann auch mit dem Team.

Nicolaus Harnoncourt, einer der größten Dirigenten unserer Zeit, sagte dazu einmal: »Wir Musiker müssen am Rande der Katastrophe wandeln – das ist das Risiko, das wir suchen.« Das bedeutet auch, dass ein Stück nie zweimal gleich klingen darf, sonst ist es schon museal. Musik muss immer im Moment entstehen. Dazu Harnoncourt: »Es ist mir völlig wurscht, ob es das erste oder zweite Mal ist. Ich mache sowieso nur erste Male. Wenn ich eine Sinfonie zum dreißigsten Mal mache, mache ich sie auch zum ersten Mal.« Das erfordert ständige Bereitschaft für Veränderung, und die geht immer vom Dirigenten aus. Dann hat auch das Orchester keine Chance, das Stück so zu spielen wie üblich. Damit ich diese Agilität als Dirigent fordern kann, muss ich dem Klang einen Schritt voraus sein. Musik ist vergänglich, Klang ist Geschichte, sobald er erzeugt wurde. Meine Möglichkeiten einzugreifen sind dann vorbei, ich kann nur noch Kommendes beeinflussen. Das heißt zunächst einmal, dass ich im Dirigieren nur führen kann, wenn ich mich mit dem Künftigen beschäftige. Dazu muss ich die Zeit gewissermaßen überholen.

In meinen Seminaren geht es nicht darum, Führungskräften der Wirtschaft das Dirigieren beizubringen. Aber um bestimmte Erkenntnisse hervorzurufen, bitte ich auch Teilnehmer zum Dirigieren auf das Podium. Dabei kommt es nicht auf die Richtigkeit der Armbewegungen an. Die Teilnehmer sollen einfach intuitiv Bewegungen machen, die das Orchester beeinflussen. Es dauert ein paar Sekunden, bis sich der spontan entschlossene Jungdirigent an seine neue Rolle gewöhnt und eine Armbewegung gefunden hat, der das Orchester offenbar folgen kann. Dann passiert in 80 Prozent der Fälle Folgendes: Das Orchester wird langsamer und langsamer, häufig bis zum totalen Stillstand auf irgendeiner Note – nichts geht mehr. Was ist der Grund? Weil das Orchester in dieser Experimentanordnung natürlich gutwillig ist, versucht es, so gut es geht, dem Dirigenten zu folgen. Dieser hingegen reagiert mit seinen Armbewegungen auf das, was er hört, was zur Folge hat, dass das Orchester etwas langsamer wird, um wiederum reagieren zu können, worauf er wieder langsamer wird und so weiter. Anstatt zu führen, folgt er dem Orchester, und das wird genau dadurch immer langsamer.

Wenn ich mit den übrigen Teilnehmern anschließend reflektiere, was unserem Dirigenten gefehlt habe, wird eigentlich immer eines genannt: Präsenz. Die fehlende Präsenz ist in diesem Moment aber in

Wirklichkeit das Fehlen einer Idee im Kopf unseres Dirigenten. Eine musikalische Vision kann ich natürlich nicht voraussetzen, eine einfache Idee aber (lauter, schneller, weicher oder ähnlich) lässt sich haben, und sei sie musikalisch noch so unpassend. Führen braucht innere Klarheit, eine Idee und eine Entscheidung. Das sind die wesentlichen Faktoren, die zu äußerer Präsenz führen.

Zweiter Versuch. Ausgerüstet mit dem Auftrag, sich zu überlegen und innerlich klarzumachen, was er als Nächstes erreichen wolle, egal was es sei, gelingt dem Jungdirigenten fast immer bereits beim zweiten Mal, dass ihm das Orchester folgt. Und die übrigen Teilnehmer geben an, dass plötzlich eine große äußere Klarheit und Präsenz entstanden sei, ein ersichtlicher Führungswille. Die Körperlichkeit hatten wir übrigens nicht korrigiert. Der Teilnehmer hätte auch keine Chance gehabt, sich zusätzlich auf Fragen der Körperhaltung zu konzentrieren – sie war von ihm nebenbei völlig verändert worden.

Führung braucht nicht nur eine Vision des Ergebnisses, sie braucht auch einen klaren Willen und eine Entscheidung im Kopf. Gehen Sie gedanklich einige Führungskräfte durch, die Sie kennen, und prüfen Sie sie auf den Begriff »körperliche Präsenz« hin. Bei den schwammigen, bei denen auch das Team nicht klar ist, oder den sehr weichen, bei denen das Team die Hosen anhat, fehlt es meistens an innerem Willen und dem Mut, dem Team einen Takt voraus zu sein. Das ist eigentlich eine heilbare Mechanik, wie man an dem genannten Beispiel beobachten kann. Nicht die Aufforderung zu mehr äußerer Präsenz bringt den Unterschied, dass das Team folgt, sondern die innere Klarheit führt zu der Präsenz und Körperhaltung, die das Team fast automatisch folgen lässt.

Es gibt bei der Führung des Orchesters so etwas wie drei Zeitzonen, in denen der Dirigent parallel agiert. Vom Zeitpunkt des Klanges aus gesehen bin ich als Dirigent gedanklich immer ein paar Takte voraus, damit ich mich selbst einstellen kann auf das, was kommt, und meine Vision dieser Stelle im Kopf vorbereite. Das ist die erste Zeitzone. Die zweite Zeitzone ist der Taktschlag eins vor Klang, der anzeigt, was musikalisch umgesetzt werden soll. Möchte ich beispielsweise, dass das Orchester den nächsten Ton laut und aggressiv spielt, muss ich das einen Schlag vorher anzeigen, sonst können wiederum die Musiker nicht reagieren. Dazu gehört natürlich nicht nur, mit dem Taktstock technisch etwas anzuzeigen, ich muss idealerweise mit meiner gesamten Präsenz, mit allen mir zur Verfügung stehenden körperlichen, gestischen, mimischen Mitteln ausdrücken, was ich musikalisch erwarte. Die dritte Zeitzone ist die des Klanges, den ich höre, verarbeite und bewerte. Aus ihm folgt zum Beispiel eine Korrektur meines Dirigierens oder ein Eingreifen in das Geschehen.

Es lohnt sich, darüber nachzudenken, in welchen eigenen Situationen wir solche parallelen Zeitzonen kennen. Denn meist beschäftigen wir uns viel zu sehr mit der Vergangenheit, beschreiben, kritisieren oder loben das Gewesene. Dabei ist es für das Orchester wie für jedes Team absolut notwendig, dass die Führungsperson innere Klarheit darüber hat, was sie erwartet, bevor es geschieht. Dann wiederum wird sie mit entsprechender äußerer Präsenz das Team so beeinflussen, dass es in gewünschter Weise darauf reagieren kann.

Wenn all dies zusammenkommt, gemeinsame Vision, Spontaneität, Persönlichkeit und die Stuhlkanten-Aufmerksamkeit der Musiker, dann ist die Chance groß, dass Sie und Ihr Team Musik machen werden, statt Noten zu spielen. Gerade letzteres allerdings, das Auf-der-Stuhlkante-Sitzen, erfordert die Bereitschaft des Orchesters, seinem Dirigenten zu folgen. In den seltensten Fällen reicht dazu der Mythos aus, der um eine Person herrscht. Für alle anderen, also uns Normalsterbliche, empfehle ich die Lektüre auch der folgenden Kapitel.

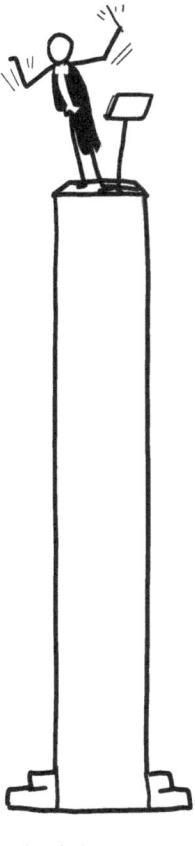

2. Die größere Perspektive einbringen

Erstaunlicherweise gehen die meisten Menschen davon aus, dass ihr Gegenüber die Welt genauso wahrnimmt wie sie selbst. Erstaunlich ist das schon deshalb, weil jeder, mit dem ich mich unterhalte, mindestens eines sehen kann, was ich selbst nicht sehe, nämlich mich. Weil er hört, wie ich spreche, was für mich selbst aber ganz anders klingt. Sie kennen das, wenn Sie Filmaufnahmen von sich sehen, oder – viel schwieriger zu verdauen – Reden von sich vorgespielt bekommen. Man kann sich an diesen Außenblick auf sich selbst gewöhnen, aber er bleibt doch lange unangenehm: »Was, so sehe ich aus? Ich wirke ja total unterspannt.« »So klingt das, wenn ich rede? Mensch, komm doch mal zum Wesentlichen.« Dennoch werden Sie vielleicht für Ihre Reden geschätzt, wird Ihr Auftreten als wirkmächtig wahrgenommen, wollen Menschen sich mit Ihnen unterhalten, wollen von Ihnen geführt werden. Jeder sieht Sie anders als Sie sich selbst. Und Sie sehen die Menschen anders als die sich selbst – und anders als andere.

Wir sind zu komplex für Schubladen, und unsere Umwelt ist es auch. Da wir Menschen aber notorische Vereinfacher sind, reduzieren wir unsere Umwelt meist auf unsere Perspektive davon, um mit der Komplexität fertigzuwerden. Das ist bekanntermaßen eine Hauptursache für die meisten Kommunikationsprobleme: Wir beziehen nicht mit ein, dass unser Gegenüber die Welt im Großen oder im Kleinen anders sieht. Oder – viel verheerender – wir sind davon überzeugt, dass seine Perspektive eingeschränkt, unvollständig oder falsch ist. Das ist ungeheuer überheblich, und wir müssen leider allzu oft feststellen, dass wir selbst danebenliegen. Es gibt eben nicht die eine wahre Realität, die von allen Seiten gleich aussieht, sondern sie hat unheimlich viele Facetten. Oder, noch krasser, es gibt scheinbar unterschiedliche Realitäten, je nachdem, aus welcher Perspektive man schaut. Wir haben nur viel zu selten die Gelegenheit, aus unterschiedlichen Blickwinkeln zu sehen. Meistens ist uns nur eine Sichtweise vergönnt. Dieses Phänomen wurde oft beschrieben, von Platons Höhlengleichnis bis zum Film *The Matrix* der Wachowski-Brüder.

Was ist also objektiv? Unsere Wahrnehmung jedenfalls nicht. Und trotzdem vereinfachen wir ständig auf dieser Basis. Erinnern Sie sich allein daran, wie anders Sie die Welt gesehen haben, als Sie noch ein Kind waren. Ein unvollkommener Blick? Vielleicht. Wir unterhalten uns dann noch mal am Sterbebett – oder auf der Wolke danach. Aber schauen wir mal ins Orchester!

Jeder Stuhl klingt anders

In einem üblichen Sinfonieorchester sitzen ungefähr 80 Musiker auf einer Fläche von 10 mal 15 Metern. Ein begrenzter Raum mit vielen Menschen, jeder an seinen Platz gebunden, sein Instrument spielend, das er gelernt hat und für das er in das Orchester aufgenommen wurde. Manchmal werden die Positionen von Geigen und Celli getauscht, die Hörner mal links oder mal rechts positioniert, aber im Grunde sitzt jeder dort, wo er immer sitzt.

In meinen Workshops bitte ich nun zum Beispiel einen Teilnehmer zu mir auf das Dirigentenpult, der zuvor inmitten des Orchesters gesessen hat. Nachdem wir die letzte Passage mit dem Orchester nochmals wiederholt haben, bitte ich um Feedback. »Ui, das klingt ja toll hier! So dreidimensional und ausbalanciert.« Das sagt im Übrigen jeder, ob musikalisch geschult oder nicht. »Wo haben Sie denn eben gesessen?«, frage ich. »Dort vor den Kontrabässen.« »Und«, frage ich weiter, »klang es da nicht so gut?« »Doch, aber anders, dunkler.« »Konnten Sie denn die Oboe gut hören?«, bohre ich tiefer. »Nein, die war ganz oft überdeckt.« Nehmen Sie jemanden, der vor den Posaunen sitzt, so wird der ganz anders antworten, jemand, der bei den Geigen sitzt, wieder anders und so weiter. Der Gesamtklang des Orchesters ist nirgendwo exakt gleich. Das zeigt sich auch daran, dass Musikkenner sich ewig darüber streiten, welcher Saal und welcher Platz im Saal denn am besten klänge. Aber viel krasser ist die Wirkung im Orchester selbst. Jeder Stuhl klingt anders, auf jedem Platz ist die klangliche Durchmischung eine andere, die Entfernung zu den anderen Instrumenten, die Reflexion der Klangflächen und die visuelle Sicht sind anders.

Wenn ich nun mit den Musikern spreche, ihnen eine künstlerische Anweisung gebe wie: »Spielen Sie das bitte etwas leiser als die Bratschen!«, versteht jeder Musiker in Abhängigkeit von seinem Instrument und der Entfernung zu den Bratschen etwas anderes. Und ich wundere mich dann, warum dieser Musiker mich nicht versteht. Er hat, vereinfacht gesprochen, eine andere Realität als ich – und die ist ja nicht falsch, sie beruht nicht auf Erfindung oder Täuschung. Im Umkehrschluss ist die wahrgenommene Realität des Dirigenten auch nicht die einzig richtige. Er hat allerdings den strategischen Vorteil, dass er eine zentrale Position hat und dass er selber nicht spielt, wodurch ihm das eigene Instrument nicht den Klang verstellt. Es ist aber mitnichten so, dass der Dirigent die akustische Realität des Publikums wahrnimmt, dazu ist er viel zu nah an den Streichern.

Als Zuhörer setze ich mich nach Möglichkeit nie näher an die Bühne als in die siebente Reihe, damit ich den Orchesterklang in guter Durchmischung höre. Der Grund dafür ist, dass im Konzertsaal in kurzer zeitlicher Abfolge die direkten und die indirekten Schallwellen jeder Klangquelle auf unser Ohr treffen. Hierbei kommt es vor allem auf die zeitlichen Proportionen zwischen direktem und indirektem Schall an. Da diese Proportionen aber neben der Raumbeschaffenheit wesentlich von der Entfernung zu jedem einzelnen Musiker abhängen, hat der Hörer, der zu nah am Orchester sitzt, immer ein verzerrtes Klangbild – so auch der Dirigent. Weder er noch die Orchestermusiker können also unmittelbar die Wahrnehmung des Publikums erfahren. Dazu müsste man jemanden in den Saal setzen und ihn um Feedback bitten, was im Übrigen häufig durch Assistenten der Dirigenten übernommen wird. Andererseits aber hat der Dirigent von allen Musikern den Klangeindruck, der am ehesten dem des Publikums entspricht. Und er kann von seiner Position aus einigermaßen abstrahieren, was beim Publikum ankommt: Sein Standort ist günstig, er spielt sich selbst nicht ins Ohr und hat die Partitur (im auf das Unternehmen übertragenen Sinne vielleicht den operativen Plan) vor sich, die ihm ein grobes Soll-Bild aufzeigt und damit seine Wahrnehmung lenkt. Das ist eine wesentlich größere Perspektive, als sie jeder spielende Orchestermusiker haben könnte. Achtung: Sie ist nicht die allumfassend wissende Perspektive, denn auch im Saal klingt nicht jeder Platz gleich, der Dirigent kennt in der Regel das konkrete Publikum nicht und kann auf die individuellen Bedürfnisse nicht unmittelbar und vollumfänglich eingehen. Aber er kennt natürlich – auch in der Musik gibt es Marktforschung – Präferenzen und Erwartungen, und die wird er erfüllen oder auch nicht, so wie sich ja die meisten Produkte nur auf Zielgruppen, nicht aber auf Individuen hin ausrichten können.

Aber zurück zum strategischen Vorteil der größeren Perspektive: Als Führungskraft kann, ja muss man sogar diesen Vorteil gegenüber den Teammitgliedern positiv nutzen. Der Dirigent kann sich zwar wenig darauf einbilden, diese größere Perspektive zu haben, denn er erhält sie ja nur, weil er nicht mitspielt – sie ist seiner Funktion immanent. Aber seine dezidierte Aufgabe ist es, diesen persönlichen Vorteil in einen Vorteil für alle umzumünzen, indem er die Musiker entsprechend anleitet. Dabei muss er stets im Blick haben, dass seine Anweisungen oder Hinweise durch den Musiker in dessen persönlicher Realität verstanden werden können, sprachlich wie auch inhaltlich.

Die anderen spielen mal wieder schief

Manager sollten stets darauf bedacht sein, dass sie diese beschriebene strategische Position nicht zu oft oder gar dauerhaft verlassen und eintauschen gegen die Position aller anderen im Team. Der Wunsch dazuzugehören oder die Angst vor Kontrollverlust führen häufig dazu, dass sie versuchen, gleichwertiges Teil des Teams zu sein, oder dass sie sich in operativen Untiefen verlieren. Ich komme später darauf zurück, was dann im Team passiert. Hier sei bereits festgehalten, dass die Führungskraft einen wichtigen Teil ihrer Rolle und Aufgabe einbüßt, wenn sie das tut.

Beim Dirigenten ist die Position augenfällig: Leicht erhöht steht er vor dem Orchester, überblickt das Ensemble, hat die Partitur vor sich, und alle sitzen mit dem Gesicht zu ihm gewandt. Das hat natürlich einen funktionalen Sinn, und wer das nicht aushält, kann nicht Dirigent sein. Aushalten heißt in dem Fall aber auch, dort zu bleiben. Um das Beispiel des vorigen Kapitels aufzugreifen: Wenn der Dirigent sich stattdessen neben die Kontrabässe setzen würde, hätte er bereits einen Teil seines strategischen Vorteils verspielt. Sich an einen anderen Platz zu begeben bedeutet stets auch, eine Position zu verlassen. Es kann mal sinnvoll sein, um eine andere Perspektive besser verstehen zu können, ist aber nur dann wirkungsvoll, wenn dieses neue Verständnis hinterher auf der eigentlichen Position nutzbar gemacht wird.

Das gilt insbesondere dort, wo bestimmte Dinge aus der Binnenperspektive nicht erkannt werden können oder fundamental anders eingeschätzt werden, als sie anschließend beim Publikum ankommen. Um es etwas plakativer verständlich zu machen, lassen Sie mich hier ein Beispiel konstruieren, das als solches vermutlich bei Profiorchestern nicht vorkäme. Aber die Ansätze dazu sehe ich jeden Tag und auf allen Ebenen im Betrieb.

Die Bläser im Orchester erhalten von mir die Anweisung, ihre Instrumente etwas tiefer zu stimmen, also vom sogenannten Kammerton a', der 443 Hertz entspricht und auf dem alle Instrumente eingestimmt werden, nach unten abzuweichen auf beispielsweise 430 Hertz, so wie man im 19. Jahrhundert gespielt hat (etwa einen Viertelton tiefer). Dann spielen wir den Anfang einer Sinfonie. Die Bläser beginnen allein (weil es so in den Noten steht), alles klingt noch wunderbar harmonisch, aber dann setzen die Streicher ein. Bei einem Viertelton Differenz hört das praktisch jeder, es klingt wie Schulorchester fünfte Klasse.

Fragen Sie einen der Musiker, was in einer solchen Situation sein erster Impuls ist, wird er vermutlich sagen: »Ich dachte kurz, ich hätte falsch gespielt.« Eingeimpft ist es, den Fehler zunächst bei sich selber zu vermuten. Dann stellt er aber schnell fest, dass er richtig spielt, und der Abgleich mit seinem Pultnachbarn, mit der Stimmgruppe, mit der ganzen Abteilung der Bläser oder der Streicher bestätigt ihm: »Bei mir ist alles in Ordnung.« Nun, wenn bei ihm alles in Ordnung ist, sein Ohr ihm aber sagt, dass etwas insgesamt nicht stimmt, gibt es nur eine mögliche Ableitung: Der Fehler stammt woandersher. Und meistens verkürzt sich die Analyse dann auf die anderen Kollegen, die »mal wieder« schief spielen. Strukturelle Gründe zieht er nicht in Betracht, das tun nur die allerwenigsten. Und wohin das führt, ist klar: Es baut Misstrauen auf in der Organisation. Das könnte sich dann aus Sicht der Geigen ungefähr so anhören: »Wir in unserer Abteilung machen ja alles richtig, aber die da drüben bei den Bläsern spielen mal wieder schief. Ihretwegen muss ich heute wieder länger bleiben. Und dann versauen die uns noch die ganze Aufführung. Kein Wunder, dass immer weniger Leute unsere Konzerte kaufen.« Es entstehen Allianzen, Ärger macht sich breit, und Fronten bauen sich auf. Jeder Manager kennt das aus seinem Unternehmen.

Wenn die Teams gutwillig sind oder eine Chance sehen, durch Anpassung ihre eigene Haut zu retten, werden sie versuchen, gegenzusteuern. Manchmal klappt es, dass die einen sich den anderen anpassen und ein passables Ergebnis erzielt wird. Meistens sind kleinere Einheiten des Orchesters (die zweiten Geigen unter sich oder alle Holzbläser) ganz gut in der Lage, solche Situationen zu retten – sie sind geübt darin, als Team gut zu funktionieren. Wenn es aber darum geht, dass zwei große Bereiche nicht aufeinander eingestimmt sind, haben beide Seiten meist keine Chance. Oft macht der Versuch alles noch viel schlimmer. Und wenn die einen immer wieder das Gefühl haben, für die anderen die Kohlen aus dem Feuer holen zu müssen, verhärtet das noch eher die Fronten.

Die beschriebenen Gedankengänge finden auf beiden Seiten gleichermaßen statt. Das heißt im schlimmsten Fall, dass die beiden Bereiche Bläser und Streicher oder die beiden benachbarten Abteilungen Bratschen und Celli einander nicht mehr über den Weg trauen. Befragt man beide Parteien getrennt voneinander, werden die Bläser sagen, sie hätten ja wohl zuerst gespielt und erst als die Streicher hinzukamen, sei das Desaster passiert. Man könnte auch sagen, die Bläser waren in der Wertschöpfungskette vor den Streichern, das Produkt war zum Zeitpunkt der Übergabe noch intakt. Befragt man wiederum die Streicher, werden sie sagen: »Wir haben alle Töne so gespielt, wie sie in den Noten stehen! Man hat uns gesagt, wir sollen auf 443 Hertz stimmen. Was können wir dafür, wenn die Bläser anders gestimmt haben?« Jeder hat in seinem Kontext alles richtig gemacht!

Das ist die überspitzte Variante einer tagtäglich auftretenden Situation in jedem Unternehmen. Eine Abteilung übergibt einen Arbeitsstand an eine andere, deren Grundsetting ist aber nicht kompatibel mit dem der ersten. Das eigentlich Interessante hier ist, dass der Fehler nicht bei den Musikern oder den Mitarbeitern der Abteilungen zu verorten ist, weder bei den einen noch bei den anderen. Wir haben es mit einem strukturellen Fehler oder einem Systemproblem zu tun. Das können die Abteilungen von innen heraus in den allerwenigsten Fällen selber lösen, sie brauchen dazu jemanden, der von oben auf das Orchester schaut, eine Art Partitur hat, am richtigen Ort ist, Abstraktionsvermögen besitzt, Analysefähigkeit hat, die Ruhe bewahrt und Zeit hat, nach der Quelle des Problems zu suchen und die Symptome abzufedern. Dazu braucht es die größere Perspektive, weil keiner sonst in der Organisation sie einnehmen kann: Die anderen müssen ja ihr Instrument spielen.

Fehlerkultur

Soll man sich also immer einmischen, wenn im Orchester, wenn im Team etwas schiefläuft? Natürlich nicht. Nicht nur, dass es nicht immer notwendig ist, es ist bisweilen sogar extrem kontraproduktiv, ineffizient und demotivierend, wenn sich die Führungskraft oder der Dirigent bei Dingen einschaltet, die das Team oder die Musiker auch alleine gelöst bekämen. Und wenn man sich einschaltet, ist die Art und Weise entscheidend. Wir brauchen im Unternehmen und im Orchester unbedingt eine Fehlerkultur, die Vertrauen aufbaut, anstatt es zu zerstören. Auch das hat etwas damit zu tun, dass wir die größere Perspektive einnehmen, um die richtige Haltung dazu entwickeln zu können.

Definitiv die falsche Haltung ist es, wenn Führungskräfte festlegen, dass ihre Mitarbeiter keine Fehler machen dürfen (vergleiche Severins Geschichte des Kernkraftwerksbetreibers im Kapitel »Der Fluch der Perfektion« und Alexis' Einschub »Es gibt kein menschliches Versagen«). Wir alle machen Fehler, die Frage muss vielmehr sein, wie wir mit eigenen und fremden Fehlern umgehen. Im Orchester ist das eine entscheidende Frage. Denn wenn wir wirklich Musik machen wollen, statt Noten zu spielen, ist eine gelebte Fehlerkultur unabdingbar. Ich habe oben Nicolaus Harnoncourt zitiert mit den Worten: »Wir Musiker müssen am Rande der Katastrophe wandeln – das ist das Risiko, das wir suchen.« Dieses Risiko bringt mit sich, dass auch Fehler passieren. Ein zu Ende geprobtes und dann im Konzert wie von einer Schallplatte abgerufenes Stück wird immer langweilig sein. Musik wird es da, wo jeder Musiker das Risiko eingeht danebenzuliegen: Das kann beim Fortissimo-Einsatz sein oder wenn es um das Erreichen von schwierigen Tonhöhen auf der Geige geht, bei denen man nie ganz genau wissen kann, ob man sie exakt treffen wird. Der risikoscheue Musiker wird den Ton erst leise anspielen und mit seinem Gehör überprüfen, bevor er volles Volumen gibt. Das findet zwar in Millisekunden statt, macht aber alles aus. Wenn man hier nicht mit vollem Risiko hineinspringt, weil man sich noch herantasten und prüfen will, ob der Ton wirklich stimmt oder ob der Pultnachbar auch schon spielt, nimmt das der Musik die Schärfe, die Klarheit und damit die Spannung.

Als Dirigent kann ich nicht einerseits dieses Risiko fordern und andererseits den Musiker an die Wand stellen, bei dem dann mal etwas schiefgeht. Natürlich muss ich in Abhängigkeit der Qualität des Orchesters einschätzen, wie weit ich hier gehen kann. Vor allem aber muss ich als Führungskraft eine Kultur des konstruktiven Umgangs mit Fehlern vorleben – den eigenen (siehe hierzu das Kapitel »Mach Fehler und bleib glücklich«) und denen anderer. Denn so wie ich mit Fehlern umgehe, so werden auch meine Mitarbeiter mit Fehlern umgehen. Fehler sind grundsätzlich nur mit Blick nach vorne zu betrachten: Was kann ich, was können wir tun, damit sich der Fehler nicht wiederholt? Das können ganz unterschiedliche Dinge sein, aber wir müssen immer die Fehlerursache betrachten und nicht das Fehlersymptom.

Wir sitzen alle auf einer Bühne

Eine sehr hilfreiche Variante, mit Fehlern umzugehen, ist, gar nichts selbst zu tun, sondern sich das Team zunutze zu machen. Teams sind in überwältigendem Maße in der Lage, kleinere Fehler selbst auszugleichen oder zu beheben. Manche Fehler werden erst dadurch zum Problem, dass die Führungskraft sich involviert. Es gibt viele Gründe dafür, dass Führungskräfte das tun. Viele davon haben nichts mit der Problemlösung zu tun, sondern sind anders motiviert oder mit einem falschen Führungsverständnis verbunden. Ein Beispiel ist die Profilierung als Chef vor den anderen im Team, also das Runtermachen von Mitarbeitern als Machtdemonstration. Ein anderes Motiv, sich einzumischen, ist, dass man seine Urteilungsfähigkeit beweisen möchte – der Dirigent zum Beispiel meint, beweisen zu müssen, dass er den falschen Ton gehört hat und ihn möglichst präzise benennen kann. Ein weiterer Grund kann die Angst sein, ein Nichteinschreiten könne als Schwäche ausgelegt werden; als Führungskraft will man aber als entscheidungsfreudig und durchsetzungsfähig wahrgenommen werden.

Keiner dieser Gründe hat etwas produktiv Beitragendes bezogen auf den Fehler, sie kreisen stattdessen nur um die Chef-Positionierung, und sie sind kontraproduktiv für eine positive Fehlerkultur. Es gilt also zu verstehen, wo Intervention nötig ist und wo nicht. Dafür ein Beispiel aus dem Orchester: Die Klarinette spielt einen falschen Ton, der gut hörbar ist, weil sie gerade das Hauptthema zu spielen hat und die anderen nur begleiten. Nun kann der Dirigent, der ja die Partitur vor sich hat und ein geschultes Gehör besitzt, in der Probe natürlich abbrechen und den Klarinettisten auf den Fehler hinweisen, am besten sehr präzise ansagen, welcher Ton falsch war und wie er richtig zu spielen gewesen wäre. Der Klarinettist würde mit Sicherheit denselben Fehler nicht wieder machen. Allerdings vermutlich nicht deshalb, um den Dirigenten zufriedenzustellen, sondern weil er sich nicht die Blöße geben möchte, ein zweites Mal für denselben Fehler angesprochen zu werden. Für dieses Empfinden einer Blöße spielt der Dirigent allerdings nicht die größte Rolle (er wird ja vielleicht in der kommenden Woche schon wieder vor einem anderen Orchester stehen) und auch nicht das Publikum (in dem der spezifische Fehler nur von wenigen Kennern zugeordnet werden kann). Nein, der Pultnachbar ist hier das herausfordernde Gegenüber.

Mitarbeiter befinden sich im übertragenen Sinne ständig auf Bühnen, auch wenn es nicht immer so augenfällig ist wie beim Musiker. Entscheidend für das Gefühl der Blöße sind die Kollegen, mit denen man täglich zusammenarbeitet, und zwar nicht nur diese Woche, sondern für die nächsten Jahre oder Jahrzehnte. Hier findet fast unbewusst ein ständiges Kontrollieren statt, wer gerade wie gut spielt. Kognitiv fällt das den meisten gar nicht auf, solange sich jeder einfügt. Je mehr sich aber einer herauswagt, desto mehr wird er beäugt. Das gilt zum Beispiel auch für Sologeiger, die mit dem Orchester ein Violinkonzert aufführen. Wenn sie nicht mit einigem Abstand besser sind als die Geiger des Orchesters, werden diese sich bewusst oder unbewusst fragen, ob sie das nicht selbst auch hätten spielen können. Und wenn dann Fehler oder Unsauberkeiten auftreten, ist das Urteil schnell vernichtend.

Mit dieser Angst vor dem Urteil der anderen muss jeder umgehen, der hervortritt. Das gilt also für alle solistischen Positionen innerhalb des Orchesters. Allerdings hat auch der Bratschist am letzten Pult einen Nachbarn, und der hört ebenfalls zu. Zumindest ist das die Sorge, die jeder Musiker hat. Er hat ja eine Position und eine Stellung zu verteidigen. Und dass die Kollegen ihn für unfähig halten, gehört zum Schlimmsten, was passieren kann. Der im Beispiel oben genannte Klarinettist weiß genau, dass die Kollegen den falschen Ton gehört haben. Er wird daher aus eigener Motivation heraus versuchen, diesen Fehler künftig zu vermeiden. Denn was für den Sologeiger im Verhältnis zu den Tutti-Geigern gilt, verhält sich natürlich auch so zwischen der ersten und der zweiten Klarinette. Spätestens beim zweiten Mal könnte sich die zweite Klarinette nämlich denken: »Das hätte ich aber besser gemacht.« Und beim dritten Mal wird sie sich bereits sagen, dass sie die bessere erste Klarinette abgegeben hätte.

Was hilft es nun, wenn der Dirigent hier einsteigt und die erste Klarinette coram publico auf den Fehler aufmerksam macht? Eine solche Intervention verstärkt den beschriebenen Bühneneffekt um ein Vielfaches, und sobald die Klarinette das nächste Mal zu dieser Stelle kommt, wird sie verängstigt oder zumindest unsicher sein – keine gute Voraussetzung dafür, dass es dann besser gelingt. Zugleich handelt der Dirigent ineffizient: Für jedes Konzert haben Orchester eine sehr knapp bemessene Probenzeit, oft nur drei mal drei Stunden. Jedes Mal, wenn der Dirigent abbricht und eingreift, muss es dem Ergebnis unmittelbar oder mittelbar zugutekommen. Zwischen Abbrechen und Weiterspielen kann man in der Regel drei Dinge ansprechen. Dann muss die Stelle wiederholt werden, um das Gesagte in Musik zu übersetzen. Jedes Eingreifen in Dinge, die sich selbst lösen, bedeutet, dass man einen wichtigen Punkt weniger ansprechen kann.

Und wenn wir ehrlich mit uns sind, wollten wir mit unserem Eingreifen vielleicht nur unsere Kompetenz beweisen oder unsere Stellung festigen. Nicht, dass das nicht auch zwischendurch notwendig sein könnte – doch dann gibt es wesentlich effektivere Möglichkeiten als das Eingreifen bei dieser Art Fehler. Manchmal hat man Mitarbeiter, die ihren Chef als Leiter testen, infrage stellen oder sogar sabotieren wollen. Das muss nicht an einem selbst liegen, es kann auch der

Persönlichkeit oder dem Ehrgeiz des Mitarbeiters entspringen. In diesen Fällen Fehler des Mitarbeiters hervorzuheben verschlimmert aber meist die Situation.

Es gibt natürlich auch Fehler, die vom Verursacher nicht korrekt erkannt werden oder vom Team nicht gelöst werden können. Hier kann der Dirigent helfen, und ihm hilft dabei – wie wir oben bereits gesehen haben – die Partitur, seine Position vor dem Orchester und die Tatsache, dass er selbst nicht spielt. Und dann gibt es Fehler, die sich wiederholen, obwohl sie erkannt worden sind. Hier *muss* der Dirigent eingreifen. Es kommen dann alle Eskalationsstufen zum Tragen, vom Ansprechen des wiederholten Fehlers über ein gezieltes Trainieren bis hin zu Sanktionen und Trennung.

Oversecure Underperformer

Ein besonderer Fall von Fehler entsteht, wenn Einzelne im Team nicht mehr produktiv zum Geschehen beitragen. Das kann passieren, weil die individuelle technische Qualität nachlässt. Es kann aber auch, und das ist eine unangenehme Wahrheit, passieren, weil Einzelne schlicht zu faul sind, sich anzustrengen. Erstere muss die Gruppe entweder durchtragen, oder man weist ihnen einfachere Aufgaben zu (zum Beispiel von der ersten in die zweite Stimme). Letztere stellen das größere Problem dar, weil sie nicht nur dem Ergebnis schaden, sondern auch das Team negativ beeinflussen. Ich nenne sie *Oversecure Underperformer*.

In Organisationen, die überwiegend Klassenbeste beschäftigen, gibt es den Begriff der *Insecure Overachiever*. Damit wird das Phänomen beschrieben, dass die Höchstleistung dieser Gruppe dadurch befördert wird, dass jeder Einzelne denkt, er sei vielleicht nicht gut genug, und dadurch noch mehr Leistung erbringt. Man kann das als Unternehmen zwar ausnutzen, es ist aber ethisch fragwürdig und auch nicht nachhaltig, wenn man seine Mitarbeiter in eine Leistungsspirale treibt, die im Zusammenbruch enden kann. Das Gegenmodell ist der *Oversecure Underperformer*, der sich um das Phänomen der Bühne und mithörender Kollegen nicht schert, der fest im Sattel zu sitzen scheint und nur das Nötigste tut, um nicht sanktioniert zu werden, oder der darauf setzt, dass seine schwache Leistung unbemerkt bleibt. Es gibt ihn vermutlich in jeder Organisation, und viele haben in diesem Sinne wahrscheinlich zumindest einmal Grenzen getestet.

Ich erinnere mich gut daran, dass ich zu Studentenzeiten einmal als Aushilfe in einem Orchester mitgespielt habe, in der ersten Geige am vierten Pult. Wir spielten Tschaikowskis 5. Sinfonie. Ich hatte die Noten vorher zugeschickt bekommen, aber nicht geübt. Ohnehin dachte ich, dass ich das Stück quasi vom Blatt spielen könne und dass das Orchester gar nicht so gut sei, als dass es auffallen würde. Lassen wir diese überhebliche Haltung einmal unbewertet. So saß ich nun in den Proben und schließlich auch im Konzert, spielte die Stellen, die ich tatsächlich vom Blatt spielen konnte, möglichst hörbar mit, und wo ich es nicht konnte, markierte ich – das bedeutet, die Finger bewegen sich ungefähr immer dorthin, wo sie greifen müssten, aber der Bogen berührt die Saiten kaum. Dazu macht man die entsprechenden Körperbewegungen, die anzeigen, dass man gerade so richtig in der Musik versinkt. Das Konzert war ein Erfolg, ich fuhr nach Hause – und wurde nie wieder als Aushilfe in dem Orchester eingeladen. Es war die stillste aller Niederlagen, die ich je erlebt habe – und eine, die mir noch jahrelang Schamesröte ins Gesicht getrieben hat. Keiner hatte etwas gesagt, aber offensichtlich war es aufgefallen. Dass das Konzert kein Reinfall war, lag nur daran, dass es nicht zu viele von meiner Sorte gab.

Angeregt von meinem Speaker-Kollegen und Freund Johannes Warth, habe ich mit meinen fünf Blechbläsern einmal ein Experiment dazu gemacht: Einer bekam von mir die Anweisung, nur so zu tun,

Work-Life-Balance oder Arbeit ist wie ein ideales Gas

 Als ich noch ein junger Berater war, saß ich abends oft lange im Büro und steuerte damit regelmäßig auf folgenden Konflikt mit meiner Frau zu: Sie rief an und fragte, ob ich bald nach Hause käme. Ich saß gerade noch in den letzten Zügen einer Präsentation und kündigte ihr an, in etwa einer Stunde zu Hause zu sein. Ich meinte das auch so. Also hielt ich mich ran und hätte es auch fast geschafft, wäre mir da nicht noch diese kleine Ungenauigkeit einer Analyse aufgefallen, die ich noch mal nachrechnen musste. Dann kam noch eine überraschende abendliche E-Mail vom Kunden, die ich noch schnell beantworten wollte, und als dann der Projektleiter vorbeischaute, um zu sehen, wie weit ich war, hatten wir noch eine echt wichtige Diskussion über den nächsten Tag. Daraufhin musste die Präsentation rasch angepasst werden. Als ich sie verschicken

als würde er spielen. Bei Bläsern geht das besonders gut, weil sie wunderbar schummeln können, indem sie nicht korrekt in das Mundstück blasen. Das Publikum sollte sagen, ob etwas fehle. Nicht einer hat es bemerkt, und das, obwohl 20 Prozent des Quintetts nicht zu hören waren. Dann sollte ein zweiter Musiker markieren. Jetzt fehlte zumindest deutlich etwas Volumen, und manche Harmonien waren unvollständig. Das Publikum nahm immerhin teilweise wahr, dass etwas nicht stimmte. Erst als drei von fünf Musikern nicht mitspielten, war jedem klar, was passierte – da hatte das Quintett aber schon 60 Prozent seiner Leistung verloren.

Beide Beispiele, mein Erlebnis und das konstruierte Bühnenexperiment, zeigen deutlich, wie leicht es ist, dass sich ein paar Einzelne durchschummeln. Wenn sie geschickt genug sind und nicht Pech haben so wie ich oder wenn ihre Umgebung – Kollegen und Chefs – sie ge-

wollte, stürzte der PDF-Konverter ab, und ich musste erst mal einen Kollegen finden, der mir helfen konnte. Endlich hatte ich alles geschafft und fuhr nach Hause. Dummerweise war es doch wieder nach Mitternacht geworden. Zu Hause war es schon dunkel, und meine Frau hatte nur noch wenige freundliche Worte für mich übrig.

Aber es gibt kein Problem, für das es in der Beratung nicht auch eine praktikable Lösung gäbe. Mein Projektleiter gab mir folgenden weisen Ratschlag fürs Leben: »Wenn deine Frau wissen will, wann du nach Hause kommst, dann überleg dir ehrlich, wie lange du noch brauchst, multipliziere diese Zahl mit vier, sag ihr das Ergebnis und du wirst sehen, wie pünktlich du auf einmal bist.« Na toll! Ich habe es probiert, und es klappte (leider) wirklich. Das verbesserte Erwartungsmanagement führte zwar dazu, dass sie nicht mehr so oft enttäuscht wurde, aber ich verbrachte natürlich noch immer viel zu wenig Zeit zu Hause bei meiner Familie.

währen lässt, kommen sie sogar recht lange damit durch. Wie geht man also damit um? Unschöne Methoden, solche *Oversecure Underperformer* zu identifizieren, gibt es viele – ganze Staatsgebilde hielten sich damit am Leben. Sie fußen darauf, dass nach oben gemeldet wird, wenn einer nicht mitzieht. In jedem Fall untergräbt dies eine der wichtigsten Tugenden einer guten Unternehmenskultur: Vertrauen. Andere Möglichkeiten, *Oversecure Underperfomer* zu erkennen, sind Stichproben. Als ich im Schulorchester spielte, mussten wir manchmal pultweise vorspielen. Das ist effektiv, aber im professionellen Rahmen auch nicht schön für das Klima in der Gruppe.

Stattdessen sollte sich die Führungskraft die Peer-Supervision zunutze machen, die gegenseitige Beobachtung und Korrektur innerhalb des Teams. Jeder Einzelne im Team sollte erkennen können, wozu sein Tun beiträgt und warum er gebraucht wird. Das Team (im Orchester die Stimmgruppe) muss so stark werden, dass es im Sinne der

Eine weitere Erkenntnis kam mir durch ein zweites Erlebnis: Wir arbeiteten an einer wichtigen Vorstandspräsentation, die am Freitag der betreffenden Woche abgegeben werden musste. Wir alle hatten seit Wochen auf diesen Termin hingearbeitet und wussten, dass es eng werden würde. Trotzdem waren wir zuversichtlich, dass wir es hinkriegen würden. Montags kam dann plötzlich ein Anruf vom Kunden: Aufgrund von Terminschwierigkeiten musste die Präsentation bereits am Mittwoch abgegeben werden. Das ganze Team war im Schock, das war unmöglich! Nachdem der erste Schreck vorüber war, rauften wir uns zusammen, bauten einen Notfallplan, sagten ein paar interne Termine ab, arbeiteten hochkonzentriert und – Sie ahnen es – machten das Unmögliche möglich. Die Präsentation war am Mittwoch fertig, und es hat ihr nichts Wesentliches gefehlt im Vergleich zu dem, was wir zwei Tage später abgegeben hätten.

gemeinsamen Vision und des Ziels, etwas zu bewegen, auf jeden achtet und jeden mitzieht. Daraus – im Gegensatz zur Bespitzelung – entsteht die positive Beobachtung durch die Gruppe, die es Einzelnen nicht ermöglicht auszuscheren. Diese Beobachtung ist prinzipiell wohlwollend und konstruktiv, weil sie an einem gemeinsamen guten Ergebnis interessiert ist. Nicht jeder Musiker freilich ist hinreichend befähigt oder erfahren, seinen Beitrag oder auch den der anderen mit Blick auf das Gesamtergebnis einschätzen zu können. Hier braucht es bisweilen etwas mehr Anleitung. Und wenn der Dirigent das nicht selber leisten kann, kann man den Musiker auch neben ein erfahrenes Orchestermitglied setzen.

Es dämmerte mir, dass Arbeit irgendwie immer gleichmäßig die zeitlichen Räume ausfüllen würde, die man ihr bietet. Als Physiker erinnert mich das stark an das Verhalten eines idealen Gases. Das ist ein Gas, das den sogenannten »adiabatischen« Regeln folgt: Wenn sich das Gas in einem geschlossenen Behälter befindet, füllt es diesen gleichmäßig aus. Wenn man den Behälter verkleinert, bleibt die Menge Gas gleich (es kann ja nichts entweichen), und es steigen der Druck und die Temperatur. Sie kennen das von Ihrer Fahrradpumpe: Sie wird warm, wenn Sie länger pumpen, da die Luft zusammengedrückt wird. Und genauso funktioniert das auch in die andere Richtung. Wird das Volumen größer, bleibt die Menge Gas immer noch gleich, aber es kühlt sich deutlich ab, und der Druck sinkt. Schön zu beobachten, wenn man zum Beispiel Gas aus einer Gasflasche strö-

Ich und dann das Team

Das Thema der »größeren Perspektive« ist nicht allein Sache des Dirigenten oder der Führungskraft. Auch das Team muss in gewissem Maße in der Lage sein und in die Lage versetzt werden, von seinem Blickwinkel zu abstrahieren und die Flughöhe zu wechseln. Das ist keine geringe Herausforderung. Denn meistens steht für jeden Einzelnen zunächst seine eigene Leistung im Vordergrund, ob nun positiv im Sinne eines Beitrages zum Ganzen oder negativ als isolierter Arbeiter, dem das Ergebnis und das Team egal sind. Jedes Teammitglied steht ja unter enormem Leistungsdruck: Beim Musiker herrschen der Performance-Druck auf der Bühne mit Blick auf das Publikum, der Gruppendruck durch die Kollegen, vielleicht auch ein Karrieredruck, möglicherweise die Angst vor dem Dirigenten oder aber auch der selbst erzeugte Druck durch den unbedingten Willen, große Musik zu machen. Viele sind getrieben von der Angst zu versagen, der Sorge, die

men lässt, es sich also ausbreitet und die Gasflasche dadurch kalt wird. Nebenbei ist das übrigens auch der Mechanismus, mit dem Kühlschränke ihr Inneres kühlen.

Mit der Arbeit scheint es sich ganz ähnlich zu verhalten. Gibt man ihr viel Zeit (also viel Raum), füllt sie sofort gleichmäßig den vorhandenen Raum aus. Sie wird gemacht, aber mit der nötigen Gelassenheit und Ruhe, und es kommt erstaunlicherweise nie dazu, dass man plötzlich zwar noch Zeit, aber keine Arbeit mehr hat. Gibt man ihr nur wenig Zeit (also wenig Raum), wird sie meist noch vollständig erledigt, allerdings steigen Druck und Temperatur merklich an. Und wie bei idealen Gasen kann man sie sehr, sehr stark komprimieren, bevor es ungemütlich wird. Verdichtet man die Arbeit stark, indem man ihren Raum (also die Zeit) verengt, ist man gezwungen, sich zu fokussieren, zu priorisieren und zu delegieren. Und lustigerweise geht das in

Noten nicht zu beherrschen, in die Generalpause hineinzuspielen oder als jemand entlarvt zu werden, der den Anforderungen generell nicht genügt. Deutlich wird das besonders dann, wenn etwas nicht stimmt und die Musiker im ersten Impuls den Fehler bei sich selber suchen. Oder in Stellen höchster musikalischer Erregung, wenn mitten in die leiseste Stelle plötzlich ein Fortissimo gespielt werden soll und die Musiker sich nicht trauen, sondern in den Ton reinschleichen – man könnte sich ja geirrt haben.

Viel Unsicherheit mit Blick auf die eigene Leistung entsteht, weil alle ihrer eingeschränkten Perspektive unterliegen. Man kann nicht gleichzeitig auf Sohle 17 arbeiten und den Stollen als Ganzes erkennen. Der Geiger kann nicht gleichzeitig spielen und das ganze Orchester hören. Er kann nicht gleichzeitig seine Noten lesen und verstehen, wo sich dieses Rädchen im Gesamtgetriebe befindet. Er kann nicht sich selbst hören und zugleich vollständig abstrahieren, wie der Klang

der Regel nicht auf Kosten der Qualität. Im Gegenteil, ein Chef sagte mal zu mir: »Man muss Sie immer kräftig überfordern, damit Sie zu Höchstleistungen auflaufen.« Traurig, aber wahr.

Nur in dem Ausnahmefall, dass das Gas eine bestimmte Mischung enthält, kann eine zu hohe Komprimierung zu einer spontanen Explosion führen. Wenn man zum Beispiel ein Luft-Diesel-Gas adiabatisch komprimiert, steigen Druck und Temperatur so stark an, dass es sich irgendwann entzündet. Ein Vorgang, der Hunderte Male pro Minute unter Ihrer Motorhaube passiert, sofern Sie einen Diesel fahren. Das Resultat mancher Arbeiten ähnelt auch in dieser Hinsicht dem Verhalten mancher Gase.

Für mein Leben war das eine entscheidende Erkenntnis: Als Führungskraft hat man immer zu viel zu tun. Und wenn ich nicht völlig

sich im Raum entwickelt. Und doch sind vor allem Musiker, je erfahrener sie sind, in der Lage, die Perspektive umzudrehen und nicht zuerst von sich selbst auszugehen, sondern vom Team, vom Ergebnis, vom Ganzen her zu kommen. Der Musiker kommt vom Hören, er erspürt zunächst den Raum, die Akustik, er hört sein Umfeld, sein Spiel richtet sich aus auf seinen Kontext. Was heißt »laut«, wenn es nicht im Kontext steht? Musikalischer Ausdruck befindet sich stets auf einem Kontinuum im Verhältnis zum übrigen Klang. Adaptives Handeln könnte man es auch nennen, was gute Musiker leisten. Ich hatte oben bereits gesagt, dass Musik niemals »fertig« ist. Sie entsteht immer im Moment. Je größer die Fähigkeit eines Musikers ist, situativ zu agieren, desto besser ist er dazu in der Lage, Musik im Moment entstehen zu lassen.

Während wir im Alltag ganz natürlich davon ausgehen, dass Kommunikation bei uns selbst beginnt (im Sinne des lateinischen Worts »communicare«, das »mitteilen« bedeutet), ist es im Orchester eigent-

in Arbeit untergehen will, muss ich den »Raum« für die Arbeit hart begrenzen. Strikte Blocks im Kalender zum Beispiel ab 18 Uhr können schon mal helfen. Feste Rituale, wie Frühstück und Abendessen mit der Familie, sind Pflicht und zwingen die Arbeit in die Zwischenräume. Was auch hilft: maximal zwei Stunden Wochenendarbeit. Es ist erstaunlich, wie gut das alles funktioniert, wenn es sich erst mal eingespielt hat. Als Bremsspur gibt es notfalls den späten Abend, wenn die Kinder im Bett sind – und das wird schon aus Selbstschutz eher die Ausnahme bleiben.

Das heißt aber auch: Wenn Sie sich das nächste Mal fragen, wer dafür verantwortlich ist, dass Sie eine vernünftige »Work-Life-Balance« haben, fragen Sie nicht Ihren Chef, Ihre Mitarbeiter oder Ihre Sekretärin: Schauen Sie in den Badezimmerspiegel!

lich andersherum. Musiker kommen vom Hören oder, präziser, vom Zuhören – eine Eigenschaft, die uns heute immer mehr abhandengekommen ist. Mit meinen Blechbläsern habe ich einmal zwei Experimente hierzu in Folge gemacht. Das erste war, dass ich sie im großen Saal verteilt habe, mit den Gesichtern zur Wand. Sie konnten einander nicht mehr sehen. Dadurch und durch die größere Entfernung voneinander waren sie noch mehr als sonst gezwungen, einander zuzuhören. Das ist aber gar nicht so einfach, denn das eigene Instrument übertönt bei gleicher Lautstärke die weiter entfernten anderen. Das Ergebnis war, dass sie alle vorsichtiger und leiser spielten. Weil sie aber trainiert waren, einander zuzuhören, kam ein passables Ergebnis heraus. Für das zweite Experiment habe ich sie wieder zusammengestellt, ihnen aber Schallschutzkopfhörer aufgesetzt. Sie konnten einander also sehen, aber das Verhältnis ihres eigenen Instruments zum Gesamtklang wurde nun so verzerrt, dass sie die anderen nur noch hörten, wenn sie selbst nicht oder kaum noch spielten. Nun mussten sie sich also auf das Sichtbare konzentrieren, das gemeinsame Atmen in der Bewegung zur Musik. Das klangliche Ergebnis war ebenfalls passabel, aber es gab eine entscheidende Veränderung: Es war kein Miteinander mehr, jeder spielte wie für sich alleine, obwohl natürlich alle zugleich spielten. Das war spür- und hörbar, auch für das nicht musikbewanderte Publikum.

Was folgt nun daraus? Die größere Perspektive, die für die Mitarbeiter meines Teams Orchester so schwer einzunehmen ist, ist dennoch absolut entscheidend für ihre Arbeit. Der Musiker kommt vom Team her und spielt seine Musik in diesen Kontext hinein. Dahin lohnt es sich, seine Teams zu trainieren. Ein Ensemble wird nur dann ein musikalisches Ganzes bilden, wenn es einander zuhören kann – und damit meine ich auch, dass es in die Lage versetzt werden muss, einander zuhören zu können. Das ist durchaus nicht immer gegeben und kann von vielen Aspekten abhängen. Es braucht Kontext und Orientierung bezüglich der zu bewältigenden Aufgabe, den rechten Raum dafür, örtlich und zeitlich, und es ist eine Frage der Organisationskultur. Auf die nehme ich als Führungskraft starken gestaltenden Einfluss. Geht es mehr darum, welche Botschaft jeder selbst absenden will, oder geht es darum, wie wir als Team klingen? Und fördere ich das als Chef, indem ich Meinungen stehen lasse, Kritik anhöre, Ideen nicht niederwalze – und interessiert bin? Denn das ist der entscheidende Unterschied zwischen Hören und Zuhören!

In Unternehmen habe ich sehr viel häufiger erlebt, dass die Mitarbeiter beim »Ich« ansetzen, »und dann kommt das Team«. Das Ensemble kann sich das nicht leisten, so entsteht keine Musik – in der reinsten Form vermutlich sicht- und hörbar im Streichquartett. Trotzdem heißt das natürlich nicht, dass sich alle nur unterordnen sollen – so entsteht nämlich ebenfalls keine Musik. Es ist ein ständiges situatives Anpassen der Rollen, der Führung, der Unterordnung, der Hereingabe von musikalischen Angeboten und des Zuhörens, also des Hörens auf das, was die anderen liefern. Das macht Musik lebendig, interessant und spannend. Und nicht nur Musik, es hält jedes Team agil und fördert bessere Ergebnisse zutage.

Das Spiel mit den Rollen und insbesondere die Bereitschaft zur zwischenzeitlichen Unterordnung muss man beherrschen. Als Berater habe ich bei Kundenpräsentationen manchmal Situationen erlebt, in denen das Team diesen Rollenwechsel nicht beherrscht hat. Dann standen vier Leute vorne, und jeder Einzelne schien das Gefühl zu haben, er könnte blöde aussehen, wenn er nicht gleich etwas sagt. Also übertrumpften sich alle gegenseitig darin, kluge Ergänzungen zum soeben Gesagten zu machen. Eine Situation zum Fremdschämen, wenn man sie von außen beobachtet. Wenn man allerdings mittendrin ist, bemerkt man es nicht so leicht. Wohl jeder ist bereits in eine solche Falle getappt. Situatives Verhalten erfordert viel Übung, Konzentration und Geduld. Abwarten und Pausen aushalten, sich zurücknehmen, Gesagtes stehen lassen zu können, das sind nicht die als erste hervorstechenden Eigenschaften von Beratern.

Da haben wir es in der Musik natürlich viel einfacher. Allein durch die Anlage der Partitur ergibt sich ein natürlicher Verlauf, wie sich die Stimmen in der Musik verteilen zwischen solistischen Partien, untergeordneten Passagen und Tutti-Situationen (wo alle gleichberechtigt agieren) – und Stellen, an denen etliche Instrumente schweigen. Wer Pause hat, hat eben Pause. Oder haben Sie jemals gedacht, wie bescheuert die drei Posaunisten aussehen, weil sie zwanzig Minuten lang nicht spielen? Nein, denn in der Partitur sind die Posaunen im zweiten Satz nicht vorgesehen, aber im letzten Satz spielen sie wieder eine entscheidende Rolle.

Vor einer Gruppe Berater habe ich einmal auf die Spitze getrieben, was in der Musik passiert, wenn das Spiel der Rollen und die Unterordnung übergangen werden. Das Bläserquintett hatte ein wechselhaftes Stück zu spielen, die Melodie wanderte durch die verschiedenen

Stimmen. Nun bekam der Tubist die Anweisung, sich in das Solo des Hornisten einzumischen, sich lautstark und durch entsprechende Bewegungen untermalt nach vorne zu drängen, quasi ständig zu kommentieren, was der Hornist zu sagen hatte. Man kann sich vorstellen, wie absurd das aussah, wie wenig es mit der Musik, mit der gewünschten Präsentation des Werkes zu tun hatte – und wie wenig überzeugend das Gesamtergebnis dadurch wurde.

Die Partitur des Teams muss geklärt sein, nicht nur im Verkaufsmodus und in der Präsentation vor anderen, sondern auch in der täglichen internen Zusammenarbeit. Meist mangelt es nicht an denjenigen, die sich gerne präsentieren, vor allem nicht unter Führungskräften. Aber die Teammitglieder müssen ständig zwischen Solorolle und Unterordnung springen können, sie müssen in der Lage sein, hervorzutreten und sich im nächsten Moment ganz zurückzunehmen. Auf dieser Basis entsteht ein agiles Miteinander und variantenreiches Kommunizieren (inklusive des Zuhörens), das ich von meinen Musikern und von jedem Team fordern können muss. Teamfähigkeit – das in beinahe jedem Bewerbungsanschreiben strapazierte Wort umfasst unbedingt die gesamte Skala vom Solo über die Begleitung bis hin zur Pause, nicht nur das eine oder das andere Extrem.

Es ist Teil der Führungsaufgabe, das Team in dieses Wechselspiel von Melodieführung und Begleitung zu lenken. Dabei gilt es, das Team und die bisweilen höchst unterschiedlichen Identitäten und Haltungen der einzelnen Teammitglieder zu verstehen. Führungsliteratur-Papst Fredmund Malik hat in seinem sehr lesenswerten Buch *Führen Leisten Leben* die schöne Geschichte der drei Maurer erzählt, die ich zur Illustration etwas abwandeln und auf das Orchester übertragen möchte: Ein Mann befragt nach dem Konzert die drei Musiker eines Streichtrios nach ihrem Selbstverständnis: Auf die Frage, was sie täten, antwortet der Geiger: »Ich spiele die Noten, die auf meinem Pult stehen, zusammen mit den anderen beiden Musikern. Ich arbeitete als

Geiger, weil ich so meine Familie ernähren kann. Reich werde ich nicht, aber ich komme zurecht.« Der Bratscher sagt: »Ich spiele Bratsche. Ich bin der beste Bratschist der ganzen Stadt. Kein anderer spielt dieses Stück so schön wie ich.« Der Cellist erwidert: »Ich bin ein Teil dieses Trios. Zu Beginn des ersten Satzes stelle ich das Hauptthema vor, das dann von den anderen Instrumenten übernommen wird. Ich trage mit meinem Spiel zu dem Gesamtkunstwerk des Trios bei.«

Nun nehmen wir einmal an, Sie hätten diese drei Musiker in Ihrem Orchester sitzen. Der dritte, der Cellist, ist natürlich ideal, zieht seine Motivation aus seinem Beitrag zum Ganzen, hat Lust, Musik zu gestalten, kann sich zurücknehmen und im entscheidenden Moment sein Solo beisteuern. Während er mit seiner Antwort seinen Beitrag zum Ergebnis beschreibt und somit sein Handeln einordnet, geben der Geiger und der Bratscher nur eine Prozessbeschreibung ab (»Noten abspielen« und »Bratsche spielen«). Das tun allerdings die meisten Menschen, wenn man sie nach ihrer Tätigkeit befragt: Sie beschreiben, was sie operativ tun, nicht, was ihr Beitrag zum Ergebnis ist.

Unter den beiden ersten Musikern ist der Geiger unproblematischer. Seine Haltung ist nachvollziehbar, und wenn er einen inspirierenden Musiker und guten Leiter vor sich hat, wird er seinen Teil zum Ganzen beitragen. Ihn müssen Sie vor allem dazu bekommen, Musik zu machen, statt Noten zu spielen. Aber der zweite ist gefährlich, und auf ihn muss der Dirigent besonders achten. Denn bei ihm steht das »Ich« an erster Stelle, und dann wird nicht nur die Unterordnung schwierig. Vermutlich wird er bewusst oder unbewusst sabotieren, dass das Orchester zu einer Einheit wird, die mehr vermag als die Summe der einzelnen Musiker. Möglicherweise wäre für ihn eine Solokarriere sinnvoller gewesen. Sollte er dafür nicht gut genug sein, wird es besonders problematisch: Das ist dann die Kategorie *gescheiterter Solist*, der gefrustet im Orchester seinen Dienst schiebt und ständig der Überzeugung ist, dass er der bessere Dirigent wäre.

Hier ist es wichtig zu verstehen, wer in Ihrem Orchester die Change Agents sind (meist in der Gruppe des dritten Musikers, des Cellisten, zu finden). Sie werden Ihnen helfen, das Team in die Musik zu führen, und insbesondere Teammitglieder aus der Gruppe des ersten Musikers, des Geigers, davon überzeugen, dass es sich lohnt, mit Ihnen als Chef zu musizieren. Musiker der zweiten Gruppe können ein furchtbarer Klotz am Bein sein, sie können aber auch absolute Change Agents werden – und das hängt entscheidend von Ihrer Führung ab und den Dingen, die wir in den folgenden Kapiteln betrachten wollen.

3. Kreative Räume schaffen

Um es gleich vorneweg zu sagen: Kreativität ist keine exklusive Eigenschaft von Künstlern oder Mitarbeitern der Marketingabteilung, sie ist idealerweise überall vorhanden. Natürlich sollte der kreative Gestaltungsspielraum der Innenrevision oder der Personalabrechnung seine Grenzen haben, aber es geht mir nicht primär um künstlerische Kreativität. Das Wort »Kreativität« meint einen schöpferischen, gestalterischen Akt jeder Art. Es stammt vom lateinischen »creare«, und das bedeutet schöpfen, gebären, schaffen, erschaffen. Manche Quellen ziehen etymologisch als Wurzel auch das ebenfalls lateinische »crescere«, das wachsen oder gedeihen bedeutet, in Betracht. Gedeihliches Wachstum sollte jedenfalls eine positive Wirkung von Kreativität sein.

Als Führungskräfte müssen wir dafür Sorge tragen, dass unser Team lebendig gestalten kann, damit es Musik macht. Ein Team, das nicht mehr schöpfen und wachsen kann, spielt nur noch Noten ab. Wir müssen die Räume schaffen, in denen kreative Entfaltung und aktives Gestalten Platz haben. Das heißt natürlich nicht, dass Kreativität für jede Tätigkeit und zu jedem Zeitpunkt notwendig und hilfreich ist. Im Gegenteil: Überall gibt es auch Momente, in denen Kreativität keinen Platz hat, weil zum Beispiel exakt nach Plan gearbeitet werden muss. Wenn sie jedoch gefordert ist, um zum besten Ergebnis zu kommen, benötigt sie den richtigen Raum. Zu viel Raum für Kreativität kann manchmal schaden, wie wir noch sehen werden. Ebenso undefinierte Räume, in denen vordergründig alles möglich ist, man aber nie zu einem Ergebnis kommt. Denn Kreativität braucht immer auch einen Rahmen, Leitplanken und meist auch Struktur. Musik funktioniert so, im Kompositionsprozess wie auch bei der Interpretation. Auch Ideen, Entdeckungen und Erfindungen werden meist nicht im luftleeren Raum durch plötzliche Eingebung geboren, sondern sie entstehen aus bereits Vorhandenem.

Es gehört zum Anforderungsprofil einer guten Führungskraft, dem Team einen passenden Raum zu geben, die nötige Weite herzustellen und zugleich gesunde Grenzen zu setzen – und spielerisch mit diesen Räumen umgehen zu können. Die rechte Balance aus Führung und Freiheit hält Teams vital und ermöglicht ihnen, situativ zu arbeiten, sofern sie eine Kultur der Veränderungsbereitschaft und Gestaltungslust umgibt. Wo jedoch kreative Entfaltung regelmäßig oder grundsätzlich eingeschränkt wird, werden gute Mitarbeiter nicht lange bleiben. Oft geht kreatives Potenzial schon dadurch verloren, dass die Mitarbeiter zu viel Angst oder Druck haben, zu eng geführt werden, oder – am anderen Ende der Skala – sich alleingelassen fühlen. Es ist nicht einfach, den passenden Raum für Kreativität zu gestalten, und es gibt keinen allgemeingültigen Weg dorthin. Zudem hängt vieles an Ihrer eigenen Persönlichkeit als Führungskraft sowie den Eigenschaften und Erfahrungen Ihrer Teammitglieder und deren Fähigkeit zu schöpferischer Tätigkeit.

Es gibt gute Modelle, die aufzeigen, wann wie weiträumig oder eng geführt werden sollte, zum Beispiel das der sogenannten »situativen Führung«. Es legt verschiedene Reifegrade der Mitarbeiter zugrunde und leitet daraus unterschiedliche Formen des Führungsverhaltens ab. Bezogen auf den Chef selbst beschreibt zum Beispiel das Modell der »adaptiven Führung«, welche Eigenschaften und Fähigkeiten über die

Genialer Regelbruch

Wer viel zu sagen hat, braucht nur wenig Worte. Der junge Mann war gerade 26 Jahre alt und arbeitete als technischer Experte dritter Klasse am schweizerischen Patentamt in Bern. Hauptberuflich prüfte er Patentanmeldungen auf Originalität und Neuigkeitswert, in seiner Freizeit las er Artikel über theoretische Physik, schrieb an seiner Dissertation und dachte über die naturwissenschaftlichen Rätsel seiner Zeit nach.

Einige seiner Gedanken fasste er zu einem Artikel zusammen, den er am 30. Juni 1905 in der renommierten Zeitschrift *Annalen der Physik* einreichte. Der Artikel trug den eher unscheinbaren Titel »Zur Elektrodynamik bewegter Körper« und hatte 31 Seiten. Er bestand hauptsächlich aus Text, enthielt aber auch ein paar Formeln. In ihm stellte der junge Mann einige prinzipielle Überlegungen darüber an,

grundlegenden Führungsskills hinaus hilfreich sind, um Räume zu öffnen. Mir geht es hier aber um die Ebene dahinter, um die innere Haltung der Führungsperson und um die Frage, welche Haltung schöpferische Wertschaffung unterstützt und welche sie hemmt. Lassen Sie uns dazu vier typische Führungsfallen betrachten und daraus entwickeln, was in diesen Situationen gute Führung wäre.

Führungsfalle Machtdemonstration

Mit demonstrierter Macht lässt sich vieles scheinbar einfach umsetzen. Ein Dirigent hat Macht qua Amt. Er gibt den Einsatz, er bestimmt das Tempo, er bricht ab, er gibt die inhaltliche, interpretatorische Richtung an. Nun wird seine Machtposition noch unterstützt durch das Aufstehen der Musiker, sobald er die Bühne betritt, durch seine erhöhte und zentrale Stellung auf dem Podium, seine private Künstler-

was man (theoretisch) beobachten könnte, wenn sich Körper relativ zueinander sehr schnell bewegen, und wie sich elektromagnetische Wellen ausbreiten. Da ihm einige Ungereimtheiten der dazu vorherrschenden Theorien bekannt waren und er obendrein in der Mathematik einige Schwächen hatte, stellte er kurzerhand ein paar vordergründig abwegige Postulate auf, wodurch sich die Ungereimtheiten schlicht wegdefinieren ließen. Und das Ergebnis schrieb er in seinem Artikel nieder.

Der 26 Jahre junge Mann hieß Albert Einstein. Sein unscheinbarer Artikel war nichts anderes als die Geburtsurkunde der Relativitätstheorie, einer der bedeutendsten Artikel in der Wissenschaftsgeschichte und sein Entstehen eine der genialsten Peripetien der Menschheitsgeschichte. Einsteins Arbeit schmiss praktisch das komplette physikalische Weltbild seiner Zeit über den Haufen. Sie war

garderobe und vieles mehr. Eigentlich ist das ganze System Dirigent auf einen machtvollen Habitus ausgerichtet, über Generationen von Dirigenten und Orchestern gelernt und bewahrt.

Dabei wird diese Wirkung im Wesentlichen durch das Umfeld selbst kreiert, das dem Dirigenten eine machtvolle Aura verleiht und ihm mit Ehrfurcht oder gar Unterwürfigkeit begegnet (siehe auch das Kapitel »Die hohe Kunst des Rollenspiels«). Wenn auf diese Haltung des Umfelds eine Persönlichkeit trifft, die ihren Führungsanspruch durch Demonstrationen ihrer Macht und Autorität untermauern will, dann entsteht allerdings ein Zuviel an Raumeinnahme. Es bewirkt, dass der einzelne Mitarbeiter zu wenig Platz hat. Bei Dirigenten erlebt man häufig, dass sie ihre Macht über verschiedene Eskalationsstufen hinweg zu demonstrieren versuchen. Mit jedem weiteren Schritt verändert sich hier die Raumverteilung: Zunächst wird der Musiker nur korrigiert, dann muss er die Stelle vorspielen, einmal, mehrfach, schließlich wird er vor den Augen des Orchesters sprichwörtlich zusammengefaltet oder

ein Geistesblitz, ohne den heute weder Ihr Handy funktionieren noch Ihr Navigationssystem den Weg finden würde. Bis heute gelingt es der Wissenschaft nur langsam, den Veränderungsprozess zu verdauen, den dieses Jahrtausendwerk ausgelöst hat. Die Theorie war im Kern so einfach wie genial, und ihr Erfinder ist bis heute der Prototyp eines Genies: wirre Haare, etwas zerstreut, starrsinnig, einsam und kein Freund von Autoritäten.

Aber wie war das möglich? Ein Patentamtsangestellter dritter Klasse kommt in seiner Freizeit mal so eben auf eine Idee, die Heerscharen hochbezahlter und bestens ausgebildeter Wissenschaftler auf der ganzen Welt aussehen lässt, als seien sie begossene Pudel? Kann ein einzelner Mensch so viel intelligenter, kreativer und inspirierter sein, dass er quasi aus dem Nichts Antworten auf eines der

sogar öffentlich diszipliniert. Dabei wird es für den Musiker immer schwieriger, musikalisch zu spielen, da der kreative Raum immer enger wird. Und das macht diese Art zu führen so unproduktiv.

Nicht umsonst sehen viele im Dirigenten einen fast schon überzeichneten Prototyp für den Machtmenschen. Unterstützt wird das Bild durch die vermeintliche Willkür, mit der er musikalisch richtet und vernichtet. Sergiu Celibidache, einer der ganz großen Dirigenten des 20. Jahrhunderts, sagte einmal in einem Interview: »Der Dirigent ist ein verkappter Diktator, der sich glücklicherweise mit der Musik begnügt.« In der Tat gibt es bis heute Dirigenten, die diesem Bild gerne entsprechen. »Show me an orchestra that likes its conductor and I'll show you a lousy conductor«, sagte Goddard Lieberson, langjähriger Chef von Columbia Records.

Man muss aber genauer hinsehen, denn das Bild der Macht des Dirigenten ändert sich zunehmend. Das liegt sicherlich am allgemeinen kulturellen Wandel, aber auch am größer gewordenen Selbstbewusst-

größten Rätsel der Menschheit findet? Und zwar auch noch auf eines, von dem die meisten Wissenschaftler noch nicht einmal wussten, dass es überhaupt ein großes Rätsel ist? Wenn das so ist, was heißt das zum Beispiel für Veränderungs- und Innovationsprozesse in einem Unternehmen? Können wir nur dann bahnbrechende Innovationen oder fundamentale Veränderungen bewirken, wenn wir einen »genialen Irren« haben, der in seinem stillen Kämmerlein vor sich hin brütet? Und selbst wenn wir einen genialen Irren hätten, welche Voraussetzungen müssen eigentlich erfüllt sein, damit am Ende wirklich eine bahnbrechende Veränderung herauskäme?

Es lohnt sich, noch etwas tiefer in die Entstehungsgeschichte der Relativitätstheorie hineinzuschauen. Bereits mehrere Jahrzehnte

sein und neuen Selbstverständnis der Orchestermusiker. Ich habe den großen Geiger Itzhak Perlman bereits zitiert, seine Aussage zeigt das Gegenbild auf: »I don't feel that the conductor has real power. The orchestra has the power, and every member of it knows instantaneously if you're just beating time.« Zahnlose Diktatoren also? Ein Orchester mit hohem Selbstbewusstsein wie die Wiener Philharmoniker entscheidet nach Minuten, ob sie *mit dem* Dirigenten spielen oder *trotz des* Dirigenten. In der Tat: Ein Chef ist zahnlos, wenn ihm nichts anderes einfällt, als Macht zu demonstrieren.

Macht ist zunächst etwas Neutrales. Falsch verstanden, missbraucht oder aus Unsicherheit demonstriert, führt sie in eine unproduktive Spirale. Beim Orchester bilden der Zwang zu folgen, die Angst vor dem Diktator da vorne und der Druck, keine Fehler machen zu dürfen, kein gutes Biotop für das Entstehen von Musik. Das fängt bei den Bläsern an, denen es regelrecht die Kehle zuschnürt und die dann keinen verzaubernden Ton mehr spielen können. Oder Streicher, die sich nicht mehr ins Risiko trauen, was die Musik langweilig werden lässt.

bevor Einstein seinen bahnbrechenden Artikel schrieb, hatten Wissenschaftler die elektromagnetischen Wellen entdeckt. Sie entstehen, wenn sich elektrische Teilchen bewegen, und je nach Wellenlänge kennen wir sie wahlweise als Radiowellen, Licht oder Röntgenstrahlen. Sie breiten sich mit Lichtgeschwindigkeit aus, das heißt, sie legen rund 300 000 Kilometer pro Sekunde zurück. Man konnte schon damals nachweisen, dass es sich um echte »transversale« Wellen handelt, sie also Wellenberge und Wellentäler aufweisen. Es gab das Erfahrungswissen, dass Wellen immer ein Medium wie Wasser, Luft oder Ähnliches brauchen, um sich darin auszubreiten, denn irgendwas muss ja die Auf- und Abbewegung ausführen. Daher schloss man, dass es auch ein Medium geben müsse, in dem sich die elektromagnetischen Wellen ausbreiten. Dieses Medium nannte man

Bis hin zum Paukisten, der nicht mehr richtig zulangt, wenn es darauf ankommt. Ich behaupte, es gibt eine qualitative Grenze, die mit falsch angewandter Macht nicht zu überqueren ist, wenngleich man bis zu dieser Grenze mithilfe von Demonstrationen der Macht bisweilen sogar zügiger ans Ziel kommen mag als auf anderem Weg. Aber in die höchsten Sphären wird man sein Team so nie führen können (eine Ausnahme bildet hier allenfalls eine winzig kleine Gruppe genialer Dirigenten oder anderer Leiter, die über völlig andere Ebenen wirken als über gute Führung).

Zugleich bleibt ein solches Vorgehen nicht ohne Wirkung auf die Kultur des Orchesters. Die Haltung der obersten Führungskraft setzt sich nach unten fort und führt zu einer Kultur des Gegeneinanders. In Orchestern mit Chefdirigenten dieser Art lässt sich das beobachten, es entspricht aber auch meiner Erfahrung in den Unternehmen, die ich beraten durfte. Eine weitere Konsequenz ist eine Kultur der Auslese: Manche gehen, andere fressen es in sich hinein, wieder andere stump-

»Äther«. Weil man Licht auch von entfernten Sternen sehen kann, elektromagnetische Wellen sich also auch im Weltraum ausbreiten, nahm man an, dass der Äther das ganze Universum ausfüllen würde und auch wir uns ständig durch diesen Äther bewegen würden.

Was genau dieser Äther ist, war eines der großen ungelösten wissenschaftlichen Rätsel des ausgehenden 19. Jahrhunderts. Mit sehr aufwendigen Experimenten versuchte man, dem Äther auf die Spur zu kommen. Insbesondere versuchte man, seine Auswirkung auf die Lichtgeschwindigkeit zu messen. Da sich die Erde kreisförmig um die Sonne bewegt, musste sie sich irgendwie relativ zum Äther bewegen. Und wenn zum Beispiel der Äther von vorne der Erde entgegenströmt, dann müsste die in dieser Flugrichtung gemessene

fen ab und ignorieren den Gegenwind. Als perfide empfinde ich, dass diese Auslese den jeweiligen Chefs durchaus nicht ungelegen kommt, vielleicht sogar gewollt ist. Denn im Ergebnis kann nach dem Ausleseprozess wieder Großartiges entstehen, das dann vordergründig sogar schneller erreichbar ist – allerdings zu anderen Konditionen. Man muss einmal die Musiker beobachten, die unter solchen Dirigenten spielen. Zu studieren, wenn auch deutlich überzeichnet, ist das im Kinofilm *Whiplash* von Damien Chazelle. Die ganze Konzentration gilt dem technischen Abspielen der richtigen Noten zur rechten Zeit im richtigen Tempo, der Blick und die Aufmerksamkeit des Musikers sind dabei auf den Dirigenten fixiert – kein Platz mehr für die Stimmgruppe, das Team, das Orchester, den Gesamtklang, die Kunst, die Kreativität, das Risiko, die Lust am Spielen.

Ich spreche in diesem Kontext nicht von kurzen Gastauftritten einzelner Berühmtheiten, sondern vom Chefdirigenten, der dem Orchester disziplinarisch vorgesetzt ist und am häufigsten am Pult steht. Zermürbende Jahre stehen dann bevor, in denen Schwächere nicht mitkom-

Lichtgeschwindigkeit etwas geringer sein und die in Gegenrichtung gemessene entsprechend etwas höher.

Erstaunlicherweise konnte man aber die Bewegung des Äthers mit keinem auch noch so empfindlichen Experiment nachweisen, die gemessene Lichtgeschwindigkeit war immer völlig unabhängig von der Richtung. Die Wissenschaftler entwarfen daraufhin immer neue Theorien über die Natur des Äthers und den Einfluss von Bewegung und Geschwindigkeit im Äther. Dabei entstanden recht komplizierte mathematische Formeln und Effekte, denn es war nicht einfach, die Richtungsunabhängigkeit der Lichtgeschwindigkeit mit unserer offensichtlichen Bewegung durch den Äther zu vereinbaren. Keine dieser Theorien war überzeugend, aber es entstanden eine Menge mathematischer Puzzlesteine, die bestimmte Effekte beschreiben konnten.

men, in denen sich das Gift der Leitung durch die Stimmgruppen in das Miteinander der Musiker einschleicht. Dass hier trotzdem geniale Momente und Veränderung im Sinne der Peripetie entstehen können, liegt dann vor allem an der Kraft der geballten Konzentration der Musiker. Angst kann manchmal Flügel verleihen. Manche Musiker haben sogar das Gefühl, sie könnten ohne den Druck gar nicht mehr höchste Kunst hervorbringen. Manche andere blenden ihn auch einfach aus (siehe das Beispiel des Konzertmeisters, der sagte, es sei ihm egal, wie er geführt werde).

Dirigenten, die so führen, können durchaus sehr erfolgreich sein, denn das Publikum erlebt eine makellose Aufführung, ein hochkonzentriertes Ensemble und einen Dirigenten, der dem vorgefertigten Bild entspricht. Und dann kommen mit wachsendem Erfolg in der Karriere auch große Orchester nicht umhin, sich mit dem Namen dieses Dirigenten zu schmücken. Ohnehin entscheidet ja nicht die Belegschaft über ihren Chef oder in diesem Fall über die Chef- und Gastdirigen-

Der junge Einstein kannte diese Entwicklungen gut, da er gerade sein Physikstudium am Polytechnikum in Zürich abgeschlossen hatte. Er verfolgte die Diskussion auch als Patentamtsangestellter weiter. Und anstelle eigene komplexe mathematische Überlegungen anzustellen und so die x-te Theorie zum Thema Äther zu entwickeln, tat er etwas, was man als eine Mischung aus Leichtsinn und Radikalität bezeichnen kann. Er postulierte nämlich erstens, dass es den Äther schlicht nicht gebe, und zweitens, dass die Lichtgeschwindigkeit die höchstmögliche Geschwindigkeit sei, die im Universum erreichbar sei, und dass diese immer und in alle Richtungen gleich sei – egal wie schnell sich der Körper bewege, der einen Lichtstrahl aussende.

ten. So verstärkt sich dieses Modell selbst. Ich glaube aber nicht, dass es heute noch ein langfristig funktionierendes und vor allem erstrebenswertes Konzept ist. Zwar wird es immer Musiker geben, die sich rücksichtsloser Macht unterwerfen, auch erstklassige, aber es ist längst klar geworden, dass es andere Wege zur Musik gibt. Wer es sich aussuchen kann, wird ein anderes Modell und damit ein anderes Orchester bevorzugen.

Im Unternehmen erleben wir dieselben Effekte. Die Auswirkungen sind aber zwischenmenschlich vielleicht noch gravierender, weil die einzelnen Hierarchieebenen sehr viel autarker sind und unabhängiger voneinander arbeiten als im Orchester: Die Art, wie oben geführt wird, spiegelt sich auf allen Ebenen darunter wider. Anders als im Orchester sitzen aber nicht alle in einem Raum, und so bleibt vieles im Verborgenen. Und dann gibt der Erfolg, der durch Aussieben und Druck entstanden ist, den Führungskräften, die so führen, scheinbar recht. Es muss daher ein Korrektiv geben und ein anderes Vorbild. In der Beratung habe ich das 360-Grad-Feedback und Puls-Checks als

Dann nahm er die ganzen mathematischen Puzzlesteine der bekannten Theorien und schob sie zu einem Bild zusammen, das erstaunlicherweise in sich schlüssig wurde. Dieses Bild veröffentlichte er in seinem Artikel »Zur Elektrodynamik bewegter Körper«. Und bis auf die beiden Postulate bestand es fast ausschließlich aus Versatzstücken, die andere Wissenschaftler in den etwa drei Jahrzehnten zuvor entwickelt hatten.

Das war sehr kreativ, und es war ein absoluter Regelbruch, da Einstein damit die Grundfeste des damaligen physikalischen Weltbildes infrage stellte. Sein erstes Postulat, dass es schlicht keinen Äther gebe, bedeutete, dass sich Wellen ohne ein Medium ausbreiten können, das die Wellenbewegung ausführt. Das widersprach jeglichem Wissen über die Funktionsweise von Wellen und schien deshalb ziemlich absurd.

sinnvolle Messinstrumente für die Unternehmenskultur erlebt, ohne die vieles sonst nicht sichtbar würde. Sehr viel wichtiger waren aber diejenigen Vorgesetzten, die im Alltäglichen sichtbar machten, dass gute Führung möglich ist, und zwar ohne unnötige Demonstration von Macht.

Was an deren Stelle stehen muss – und leider häufig mit Führen durch Macht verwechselt wird –, ist Entscheidungsstärke, also die Fähigkeit, auch unbeliebte Entscheidungen bedacht und dennoch zügig zu treffen. Die Fähigkeit, im richtigen Moment nötigenfalls auch hart durchgreifen zu können, gehört in den Werkzeugkasten einer starken Führungskraft. Entscheidend aber ist die Haltung dahinter, mit der sie sich der Werkzeuge bedient: Werden sie permanent und auch willkürlich oder situativ vernünftig (und damit umso wirkungsvoller) eingesetzt, also nur dann, wenn die Mitarbeiter oder Musiker den Spielraum verlassen? Dazu benötigt eine Führungskraft innere Klarheit und Verlässlichkeit. Vordergründig ist die kurzfristige Wirkung mit der von

Richtig abstrus wirken allerdings erst die Konsequenzen des zweiten Postulats. Es gehört zu unserem Erfahrungswissen, dass man Geschwindigkeiten addieren kann. Wenn Sie zum Beispiel mit 100 km/h in einem Zug fahren und einen Ball mit 40 km/h nach vorne werfen, dann fliegt dieser Ball 140 km/h schnell. Klar! Wenn Sie aber einen Lichtstrahl nach vorne aussenden, fliegt dieser nach Einsteins Postulat nicht mit 100 km/h plus Lichtgeschwindigkeit, sondern nur mit »normaler« Lichtgeschwindigkeit. Und da Geschwindigkeit nichts anderes ist als zurückgelegte Strecke pro verbrauchte Zeit, heißt das faktisch, dass die Zeit in dem Zug ein klein wenig langsamer läuft, als auf der Erde drum herum. Und weil die Zeit des bewegten Zuges langsamer läuft, bedeutet das auch, dass die Distanzen aus Sicht des

Machtspielchen vergleichbar, aber sie ist langfristig ungleich produktiver. Leider wird fehlende eigene Klarheit aber allzu oft durch den Einsatz von Machtwerkzeugen überspielt.

Innere Klarheit lässt sich gut am Beispiel einer Orchesterprobe erläutern. Wie bereits erwähnt, muss der Dirigent in der Probe sehr effizient agieren. Nachdem er die Musiker in ihrem Spiel unterbrochen hat, um etwas anzusagen, ist deren Aufmerksamkeitsspanne enorm kurz. In der Regel muss das Gesagte einmal probiert und zum Klingen gebracht werden, damit es von den Musikern verinnerlicht wird. Wenn der Dirigent nun zehn Dinge erklärt, die beim nächsten Mal anders zu machen sind, geht mindestens die Hälfte davon verloren. Daher wird er in der Regel nur zwei oder drei Anmerkungen machen, bevor er wieder spielen lässt. Das Ganze geht im zügigen Wechsel vonstatten: spielen, abbrechen, Ansagen machen, wiederholen, wieder abbrechen, ansagen, weiterspielen. Konzentration auf das Wesentliche. Hier ist höchste Klarheit geboten, denn der Dirigent kann nicht herumlavieren oder in den Noten suchen. Er muss genau wissen, was er

Zuges ein klein wenig kürzer sind als für einen Beobachter, der zum Beispiel auf dem Bahndamm steht.

Bei den geringen Geschwindigkeiten von Zug und geworfenem Ball sind solche Effekte natürlich unendlich klein und vernachlässigbar. Wenn sich aber ein Körper mit fast Lichtgeschwindigkeit bewegt, werden diese Effekte sehr, sehr groß. Zeit und Raum sind plötzlich variabel wie eine Ziehharmonika.

Dass Zeit und Raum keine festen Größen sind, sondern schnell, langsam, geschrumpft oder gestreckt sind, und das nur abhängig von der Bewegung des Betrachters, erschien selbst fortschrittlichen Denkern als reichlich gewagt. Schnell erdachten findige Zeitgenossen das sogenannte Zwillingsparadoxon, nach dem ein Zwilling, der mit einer schnellen Rakete in den Weltraum fliegt, bei seiner Rückkehr

will – nicht zwingend musikalisch (manchmal muss man sich auch herantasten, Dinge gemeinsam mit den Musikern ausprobieren), sondern welchen nächsten Schritt er tun möchte. Dazu muss er seine Partitur kennen! Das wiederum erfordert Vorbereitung, und die benötigt Zeit, die wir uns oft nicht nehmen. Denn wenn die Gegenfrage eines Musikers kommt, ob er jene Stelle nun staccato oder legato spielen solle (grob gesprochen: mit hart getrennten oder weich verbundenen Tönen), muss der Dirigent sich unmittelbar für eine Antwort entscheiden können. Diese Art von Entscheidungen kann er nicht ständig wieder revidieren, ohne an Glaubwürdigkeit einzubüßen. Umso unerlässlicher sind die vorbereitende Auseinandersetzung mit der Materie und die innere Klarheit. Ebenso muss der Dirigent sich darüber im Klaren sein, welche Korrektur jetzt gerade vorzunehmen ist und – noch wichtiger – welche nicht, weil sie nicht produktiv auf das Ergebnis einzahlt (Output- statt Input-Orientierung). Mit dieser Klarheit über die genau richtigen Interventionen kann er mit dem Or-

kaum gealtert ist, aber auf seinen daheim gebliebenen greisen Zwillingsbruder trifft. Das träte ein, wenn man die Relativitätstheorie konsequent zu Ende denkt.

Diese Absurditäten waren Einstein bewusst, hinderten ihn aber nicht daran, seine Theorie zu veröffentlichen – denn immerhin war sie in sich schlüssig. Und das eigentlich Erstaunliche ist: In den letzten hundert Jahren konnte man jeden der vermeintlich absurden Effekte experimentell präzise nachweisen, bis auf die letzte Kommastelle. Man muss zu dem Schluss kommen: Kann zwar eigentlich nicht sein, ist aber trotzdem so!

Und was hat das alles mit der Unternehmensrealität und der Führung zu tun? Eine gute Führungskraft zeichnet sich weniger da-

chester effektiv am Ergebnis arbeiten. Die Autorität, die er sich damit erwirbt, wird wesentlich größer sein als die Autorität, die ihm seine Machtinstrumente scheinbar verleihen.

Führungsfalle Nichtführen

Eine andere typische Führungsschwäche ist, die Führung auf ein Minimum zu beschränken. Das kann ganz unterschiedliche Gründe haben, nicht selten steht sogar eine bewusste Entscheidung dahinter. Der Komponist und Dirigent Richard Strauss vertrat die Ansicht, dass der Dirigent eigentlich nicht zu sehr in Erscheinung treten dürfe, sondern eher eine administrative Rolle habe. Aus seinen »Zehn goldenen Regeln für junge Dirigenten«: »Du sollst beim Dirigieren nicht schwitzen, nur das Publikum soll warm werden.« Filmaufnahmen zeigen ihn entsprechend unterkühlt bis desinteressiert – scheinbar zumindest. Dass er sich damit einen entsprechenden Ruf einhandelte, sei nur am Rande angemerkt: Der große italienische Dirigent Arturo Toscanini, ein Zeitge-

durch aus, dass sie das Tagesgeschäft gut bewältigt – dafür hat sie ihre Mitarbeiter –, sondern dadurch, dass sie Veränderungsbedarf erkennt und die richtigen Veränderungen zum richtigen Zeitpunkt mit der richtigen Vision erfolgreich umsetzt.

Einsteins Relativitätstheorie hat den wohl größten Veränderungsprozess in der Wissenschaft seit Hunderten von Jahren bewirkt – eine Peripetie im besten Sinne des Wortes. Aber sie entstand nicht im »stillen Kämmerlein«, sondern hat sich über Jahrzehnte angebahnt. Alles lag bereits in der Luft, wie ein explosives Gemisch, das nur noch einen Funken braucht, um zu explodieren. Nur hatte keiner den zündenden Gedanken, wie alles zusammenpassen könnte. Es war vielen klar, dass im physikalischen Weltbild etwas nicht stimmte. Quasi jede Facette der Relativitätstheorie war bereits x-fach vorgedacht und in

nosse von Strauss, ließ uns wissen: »To Strauss, the composer, I take off my hat; to Strauss, the conductor, I put it back on again.«

Wesentlich öfter wird es vermutlich so sein, dass Dirigenten und andere Führungskräfte aus einer Schwäche und Unsicherheit heraus nicht führen; sie legen ihren Fokus dann meist auf das Administrieren. Das eigentliche Führen bekommt damit keinen Raum. Wenn der Dirigent unsicher ist oder das zu spielende Werk nicht gut genug beherrscht, bleibt ihm oft kaum etwas anderes übrig, als nur noch den Takt zu schlagen und Einsätze zu geben. Das ist übrigens ein großes Problem für junge Dirigenten, die plötzlich berühmt und gehypt werden, dass sie gar nicht mehr die Zeit haben, sich auf all die Werke vorzubereiten, die sie zur Aufführung bringen sollen – nicht selten leider auch ein Grund für frühes Scheitern.

Wozu das rein administrative Dirigieren führt, wird einem jeder Musiker spontan beantworten: Das Orchester koppelt sich vom Dirigenten ab und arrangiert sich als Team, vorne auf dem Podest bleibt

Artikeln beschrieben worden. Sogar praktisch alle Formeln und For-
melbestandteile, aus denen die Relativitätstheorie besteht, waren
bereits erfunden, niedergeschrieben und publiziert worden. Es war
alles jahrzehntelang diskutiert, gedreht und gewendet worden. Und
Albert Einstein tat eigentlich nichts anderes, als all das aufzunehmen, was bereits in der Luft lag, einen sehr kreativen Regelbruch zu
begehen, indem er scheinbar nicht plausible Postulate aufstellte,
und dann all die bereits vorhandenen Puzzlesteine erstmals zu einem schlüssigen Bild zusammenzufügen. Damit brachte er den Veränderungsprozess unumkehrbar auf den Weg.

Ganz ähnlich ist es auch in Unternehmen. Erfolgreiche Veränderungen entstehen nicht aus dem Nichts, sondern sie liegen in der

ein Metronom-Ersatz zurück, der bestenfalls verlässliche Einsätze gibt
und einem in den Pausen das Zählen erleichtert. Ein gut konditionier-
tes Ensemble mit guten Musikern wird in der Lage sein, dennoch gute
Leistungen zu erbringen – am Dirigenten vorbei. In den meisten Fällen aber wird die Musik fade und von zäher Dauer sein, ich sehe mich
schon die Werbung im Programmheft lesen. Das liegt nicht daran,
dass Orchester nicht auch ohne Dirigent in der Lage wären, großartige Musik zu machen, sondern daran, dass der Dirigent noch auf
dem Pult steht. Die Musiker kommen an der Haltung des Dirigenten
da vorne nicht vorbei. Es ist geradezu tragisch: In einem Experiment
habe ich einmal ein Orchester gebeten zu versuchen, wirklich Musik
zu machen, während ich bewusst belanglos den Takt geschlagen habe.
Es war den Musikern nicht möglich. Sie versuchten, an mir vorbeizu-
musizieren, aber das gelang nur bis zu einem gewissen Grade, weil
meine Haltung sie daran hinderte wie ein Störsignal. In meinem Experiment wurde das Orchester sofort besser, als ich das Podium verließ – so hinderlich kann schlechte Führung sein!

Luft. Gute Führungskräfte spüren das und erkennen die Puzzlesteine der Veränderung. Sie haben die nötige Distanz zum Tagesgeschäft, um aus den Puzzlesteinen ein schlüssiges Gesamtbild formen zu können. Und wenn sie sehen, dass die Zeit reif ist, brechen sie mit einigen althergebrachten Gewohnheiten der Organisation (ganz ohne Regelbruch geht es nie!). Sie formen aus den bereits in der Luft liegenden Puzzlesteinen etwas Neues.

Man braucht viel Kreativität und Mut, um die richtigen Regelbrüche zu begehen, aber wenn es gelingt, die Puzzlesteine schlüssig zusammenzusetzen, dann ist auch die Organisation bereit, die Veränderung mitzugehen. Dann spürt sie, dass diese Veränderung die

Das Beispiel zeigt anschaulich, dass das Vorgeben eines Tempos, das Anzeigen von Einsätzen und Dynamik (Lautstärke) sowie das Schlagen des Takts eben nicht die wesentlichen Aufgaben des Dirigenten sind. Es fehlen Inspiration, Vision und Gestaltungswille. Die Räume für kreative Gestaltung und Entfaltung sind da, aber sie bleiben leer. Der Kraftaufwand für das Erzeugen wirklicher Kunst ist für die Musiker, die ja im Orchester nur wenig einzeln in Erscheinung treten, enorm viel höher, wenn sie lediglich administriert werden. Das Ergebnis ist hörbar und vor allem spürbar: Es kommt nicht viel an, es berührt nicht – weder den Musiker noch das Publikum.

Es reicht nicht aus, wenn wir in den Proben zwar alles gegeben und erklärt haben, im Konzert das Geprobte aber nur abspulen, weil dann zwischen den Noten nichts mehr passiert. Gute Dirigenten überraschen ihr Orchester im Konzert manchmal mit Unvorhergesehenem, werfen es durch schnellere Tempi oder Ähnliches ins kalte Wasser. Das hält die Musiker wach und agil. Dazu muss der Dirigent das Orchester in ständiger Bereitschaft halten, damit es ihm in jedem Moment folgt. Ein nur administriertes Orchester wäre darauf gar nicht vor-

Lösung für Probleme darstellt, die für viele längst wahrnehmbar sind.

Recht zu haben ist das eine. Das geht im stillen Kämmerlein und völlig unabhängig davon, ob die Welt außenrum auch Notiz davon nimmt. Aber wichtiger, als recht zu haben, ist, recht zu bekommen. Dafür muss die Welt um einen herum die Veränderung annehmen – und das tut sie nur, wenn die Zeit reif ist für den genialen Regelbruch.

bereitet. Der Dirigent ist unbedingt Teil der Performance, nicht bloß ihr Administrator – dahin gehend unterscheidet er sich übrigens vom Theaterregisseur, der ja bei der Aufführung im Hintergrund bleibt und gar nicht mehr eingreifen kann. Der muss dann eben mit den Schauspielern so arbeiten, dass das Unerwartete, Überraschende aus der Interaktion der Schauspieler heraus entsteht.

Auch im Unternehmen muss der Chef Teil der Performance sein, motivieren und inspirieren, wach und agil halten, herausfordern und spontane Kreativräume schaffen. Wir alle kennen überprobte Präsentationen, die irgendwie zu gelackt wirken. Sie führen trotz Perfektion nicht zu höherer Glaubwürdigkeit, inspirieren nicht wirklich zu dem, was dort vorgeschlagen wird. Es braucht (neben der guten Story) das Quäntchen Schmutz, das Persönliche, das Überraschende, Spontane wie in der Musik. Dieses Level an Spannung aufzubauen, im richtigen Moment in eingefahrene Abläufe oder zu Perfektes hineinzustoßen, das ist eine wahrhaft hohe Kunst. Sie erfordert ein großes Gespür für den Augenblick und für die Frage, wie weit ich mit meinem Team gehen kann. Ein höheres Tempo anzuschlagen, als vorher geprobt worden war, kann natürlich dazu führen, dass die ganze Struktur auseinanderfliegt. Ein zu langsames Tempo kann zäh werden und den großen musikalischen Bogen unmöglich machen – der Schaden ist dann groß und praktisch irreparabel. Aber noch einmal: Wer zu diesem Risiko nicht bereit ist, bleibt der Mittelmäßigkeit verhaftet.

Unter Instrumentalsolisten kann man Musiker beobachten, die ständig die Grenzen testen, ins extreme Risiko gehen. Manche sind damit erfolgreich, weil sie das Gespür für das richtige Level haben, andere scheitern. Die Geigerin Patricia Kopatchinskaja beispielsweise spielt Robert Schumanns Violinkonzert nicht schön, ihr Klang ist fahl, der Strich kratzig, das Vibrato enorm zurückgenommen. Dabei kann sie ganz zauberhaft und zuckersüß spielen. Aber sie will es so, und zwar weil Robert Schumann dieses Werk in tiefster Verzweiflung geschrieben hat. In seinem Herzen mag es diesen schönen Klang nur noch als Reminiszenz gegeben haben, als er es komponierte, also will Kopatchinskaja diesen Klang dem Publikum auch nicht vorgaukeln. Das mag nicht jedem gefallen, aber es setzt bei jedem etwas in Gang, es löst Emotionen aus, diese oder jene. Und es ist nicht einfach Mittel zum Zweck, denn es basiert auf einer durchdachten Entscheidung und Werkkenntnis – da entsteht Kunst, und die kann und darf auch streitbar sein. Oder der Organist Cameron Carpenter, dem die Grenzen klassischer Orgeln zu eng waren und der seither mit einer selbst entworfenen elektronischen Orgel auf Tour geht, mit der er lieb gewonnene Interpretationen ehrwürdiger Musik, zum Beispiel der von Johann Sebastian Bach, auf den Kopf stellt. Oder der Dirigent Teodor Currentzis, der geradezu radikal die Werke der großen Klassiker auf links dreht und dadurch völlig andere Dinge in der Musik zum Vorschein bringt, als man gewohnt ist zu hören.

Man muss nicht ins Extrem gehen, aber trauen wir uns als Führungskraft, streitbar zu sein! Haben wir den Mut, Überraschendes einzuwerfen, das Team herauszufordern, um zu verhindern, dass jeder durchgeprobt nur seine Noten abspielt. Machen wir Türen zu kreativen Räumen auf, mit denen niemand gerechnet hat, lassen wir Platz für Spontanes, ermöglichen wir Peripetie! Anders haben wir kaum eine Chance, Herzen zu berühren, Emotionen zu wecken, Lebendiges zu schaffen – oder, weniger künstlerisch, neue und bessere Ergebnisse zu erzielen, Innovation zu schaffen, Kunden und Mitarbeiter zu begeistern.

Es kann sein, dass es Zeit braucht, dahin zu kommen, das Team so zu entwickeln. Und es braucht dazu gute Leute im Team, die imstande sind, das umzusetzen.

Führungsfalle Mikromanagement

Der Mikromanager – etwas von ihm steckt wohl in den meisten Führungskräften. Positiv betrachtet beherrscht er die Fähigkeit, auf unterster Ebene konstruktiv verändernd in das Operative hineinzuwirken. Im Idealfall geht das mit der Fähigkeit einher, die Flughöhe an die Umstände anzupassen und zwischen der Vogelperspektive und dem operativen Basisgeschehen wechseln zu können. Eine Eigenschaft, die auch der Dirigent unbedingt benötigt. Denn auch wenn er die Instrumente im Orchester selbst nicht beherrscht, so muss er doch von jedem Instrument wissen, wie es funktioniert, wo seine Fähigkeiten und Grenzen liegen. Und er muss in jedem Moment sowohl den Gesamtüberblick haben als auch in alle operativen Tiefen der Partitur und des Orchesters hinabsteigen können, um dem Musiker möglichst präzise kommunizieren zu können, was er sich klanglich vorstellt. Problematisch ist es immer dann, wenn Dirigenten oder andere Führungskräfte, die zu Mikromanagement neigen, aus diesen Tiefen zu selten wieder aufsteigen und stattdessen an der Basis alle verrückt machen, die dort eigentlich ihre Arbeit erledigen wollen.

Eine häufige Ursache für Mikromanagement ist Kontrollzwang. Der kann aus mangelndem Vertrauen entstehen (»Ich kann es eh am besten«), aus Unsicherheit (»Ich muss ja am Ende vertreten können, was die abliefern«) oder aus falsch investierter Effizienz (»Ich mache es am besten schnell selbst, bevor ich das alles erklärt habe«). Eigentlich ist jedem reflektierten Menschen sofort klar, dass keine der Varianten effektiv ist, und das wissen theoretisch auch die Mikromanager selbst. Delegieren lernen und andere Meinungen und Wege zulassen ist daher die allgemeine Lösung für dieses Phänomen, die Führungskräften empfohlen wird. Ich möchte aber noch einen Schritt weiter gehen, denn der Mikromanager holt sich nicht nur ein Effektivitätsproblem ins Haus und macht seine Mitarbeiter verrückt. Die Wirkung ist viel weitgehender.

Lassen Sie mich das an einem Experiment verdeutlichen, das ich immer wieder besonders gerne durchführe, weil es das Problem so anschaulich macht: vor dem Orchester den Mikromanager zu mimen und zu schauen, was passiert. In meinem Experiment simuliere ich Mikromanagement, indem ich quasi jeden Musiker einzeln dirigiere und mit meinem Gesichts- und Körperausdruck Signale für jede Note gebe; ich bewege mich also vom großen Ganzen der Partitur hinunter in jede Einzelstimme. Mein Ziel ist es in dem Moment, größtmögliche Kontrolle darüber zu haben, wie die Noten gespielt werden.

Das Erste. was auffällt, ist die veränderte Körperhaltung der Musiker. Eine Mischung aus Obacht-Haltung und Ablehnung stellt sich mir entgegen, wie ein Igel, der seine Stacheln aufrichtet. Das ist regelrecht spürbar. Dann breche ich ab und frage einen der Musiker, wie er sich denn fühlen würde, nachdem er zwei Stunden so dirigiert worden wäre. »Zwei Stunden? Das halte ich keine zwei Minuten aus!«, bekomme ich als Antwort zurück. »Warum denn?«, will ich wissen. Ich hätte doch alle wesentlichen Signale gegeben, und er müsse doch eine große Sicherheit erlangen, dass er jederzeit von mir ablesen könne, wie ich das Stück gespielt haben wolle (gerade vorher hatte ich den desinteressierten Dirigenten gespielt, der so gar keine ablesbaren Impulse setzt).

Mit Inbrunst und Ärger bekomme ich dann entgegengesetzt: »Ich fühle mich so eingezwängt wie in einem Korsett, das mir jemand anlegt. Ich kann mich musikalisch gar nicht entfalten.« Ich frage weiter, was das mit der Musik mache. Seine verzweifelte Antwort: »Da entsteht gar nichts mehr, da spielt jeder nur noch seine Noten ab. Es ist auch gar kein Raum mehr für das Ensemble, miteinander Musik zu machen.« Das heißt, mein Ergebnis wird durch mein Führungsverhalten in keiner Weise besser, es leidet sogar deutlich. Kein Wort bis hierher von Effizienz oder Effektivität.

Aber der eigentliche Hammer kommt immer erst zum Schluss, wenn ich frage, was denn für ihn in einer solchen Situation die Konsequenz sei. »Ich blende den Dirigenten aus!«, bricht es aus dem Musiker geradezu heraus. Er blendet mich aus, er versucht, mich zu ignorieren und an mir vorbei Musik zu machen. Der Dirigent, der hier eigentlich möglichst präzise sein, möglichst gute Vorgaben machen will, der zeigt, dass er es draufhat und nicht einfach nur den Takt schlägt, der möglichst große Kontrolle über die Interpretation erlangen will, er verliert sie stattdessen. Was passiert denn, wenn die Musiker mich ausblenden? Sie spielen ja weiter nach meinem Taktschlag, aber in ihrer Sehnsucht danach, Musik zu machen, schmieden sie eine Allianz untereinander und versuchen zu retten, was zu retten ist. Dass das dann leider auch nicht ganz funktioniert, habe ich im vorigen Kapitel beschrieben: Denn wie der desinteressierte Dirigent durch seine Haltung die Musiker beeinflusst, hemmt auch der Mikromanager durch seine überbordenden Signale.

Am Schluss stelle ich noch die Kontrollfrage: »Haben Sie schon einmal unter einem solchen Dirigenten gespielt?« Großes Gelächter im Orchester. Solche Dirigenten begegnen jedem Musiker in jeder Phase seines Lebens und auf jeder Stufe seines Könnens regelmäßig.

Die große Herausforderung ist die Balance, denn zwischen dem im vorigen Kapitel beschriebenen Nichtführen und dem Mikromanagement liegt ein schmaler Grat, den es zu finden gilt. Wie viel muss ich vorgeben, wie viel ist zu viel? Und da komme ich wieder auf das Thema innere Haltung zurück: Habe ich das Vertrauen, dass mein Orchester, mein Team auch ohne mich spielen kann? Dann kann ich mich bei jeder Führungsaktion fragen, ob mein Abbrechen, meine Ansage, meine Gestik und Mimik etwas produktiv verändert.

In meiner Beratungszeit habe ich unter anderem Projekte für einige der größten Hilfsorganisationen der Welt leiten dürfen. Einer meiner Chefs dort hat einen Satz geprägt, der für mich seither in vielen Dingen Richtschnur ist. Wenn wir über die Projekte sprachen, an denen ich arbeitete, stelle er jedes Mal wieder diese eine Frage: »Does it move the needle?« Bewegen wir mit unserer Beratungsleistung etwas in der Welt? Hilft sie der Organisation, ihre Arbeit künftig besser zu machen? Die Frage war so etwas wie der Prüfstein, ob wir das Projekt weiter vorantreiben oder besser umschwenken sollten. »Does it move the needle?«, das muss ich mich auch jedes Mal fragen, wenn ich in der Probe abbreche und eine Ansage machen möchte. Entscheidend ist meine Output-Orientierung: Mache ich im Wandlungsprozess vom Beginn der ersten Probe (Abspielen der Noten) bis zum Konzert (Musik machen) durch jede meiner Ansagen und Korrekturen mit dem Orchester einen entscheidenden Schritt nach vorne? Helfe ich also der Organisation Orchester, ihre Arbeit besser zu machen? Oder halte ich sie eigentlich nur beim Spielen auf, in dem kurzen verfügbaren Zeitraum der Probe, weil ich zum Beispiel nur inputorientierte Ansagen mache? »Does it move the needle?«, wenn ich beim Dirigieren einen bestimmten Einsatz gebe, auf einen Musiker fokussiere, eine überbordende Bewegung mache, oder produziere ich heiße Luft und halte die Musiker davon ab, Musik zu machen? Diese Fragen sollte sich jede Führungskraft, im Orchester oder im Unternehmen, zu jeder Zeit stellen: Schafft mein Eingreifen gerade Wert, bringt es positive Veränderung, Peripetie? Hilft es dem Team, besser zu werden?

Führungsfalle Status

Im Kapitel »Statusspiele und Framing« werden Statusspiele und deren Wirkungen behandelt mit Blick auf die eigene Performance einer Führungskraft. Ich nehme das Thema hier ebenfalls auf, weil es eine der zentralen Führungsfallen in der Arbeit mit dem Team beinhaltet. Auch hier möchte ich mit einem Experiment beginnen, das ich mit ahnungslosen Orchestern durchführe. Ich versuche dabei, die bereits erwähnten Führungsfallen zu vermeiden und das richtige Maß an Führung zu geben. Eines aber mache ich nun fundamental anders: Ich dirigiere für die Galerie, das heißt, meine durchaus immer angemessene Geste oder Mimik gilt nicht dem Orchester, sondern dem Publikum. Mit anderen Worten: Ich spiele meine Rolle als Dirigent und achte darauf, dass ich meinen Status repräsentiere.

Die Reaktionen sind diesmal meistens gemischt. Die einen Musiker nehmen keinen Anstoß daran, weil sie diesen Habitus mit dem Dirigenten verbinden und ihn auch gewöhnt sind – eigentlich eine traurige Erkenntnis. Die Mehrheit merkt aber immer, dass hier etwas nicht stimmig ist. Und einer bringt es dann stets zur Sprache: »Sie dirigieren nur für das Publikum!« »Das ist pure Eitelkeit!«, ergänzt ein anderer. Was das mit ihnen mache, will ich wissen. Und wieder kommt dieselbe fatale Antwort, die wir schon bei den anderen Führungsfallen bekommen hatten: »Wir blenden den Dirigenten aus.«

Manche Situation in der eigenen Historie blendet sich unweigerlich ein, in der einem die eigene Show wichtiger war als das Ergebnis im Team. Wenn Sie manchmal in Konzerte gehen, dann haben Sie das dort mit Sicherheit auch schon erlebt. Der Effekt ist tatsächlich spürbar, wenn der Dirigent die Verbindung zu den Musikern verliert und nur noch herumwedelt. Man kann es förmlich sehen, wobei damit nicht die Frequenz der Augenkontakte gemeint ist, sondern eher eine verborgene Trennlinie zwischen Orchester und Dirigent.

Die Falle aber liegt weniger in der Eitelkeit des Dirigenten, die dem Musiker vielleicht missfällt. Sie liegt auch nicht in erster Linie in der fehlenden Effektivität seines Tuns. Die wesentliche Ursache für das Nichtfunktionieren ist, dass der Dirigent hier eine Rolle spielt, die er als Funktion bereits innehat. Mit anderen Worten, seine Gesten und seine Mimik folgen einem Bild, das er gerne darstellen will, er spielt den Dirigenten. Das ist ein fataler Fehler, denn er führt immer zu Autoritätsverlust. Das Orchester wird einen solchen Dirigenten – je nach Ausprägung – nicht ernst nehmen können. Im Kapitel zu Statusspielen und Framing gibt es das Beispiel des Königs, der sein Königsein spielt. Er wirkt sogleich unglaubwürdig. Wenn ich eine Funktion innehabe, dann sollte ich unbedingt vermeiden, sie noch obendrauf zu spielen. Als Dirigent *bin* ich Dirigent. Analog zur Theaterregel »Den König spielen immer die anderen« könnte man hier sagen: Den Dirigentenstatus erzeugen immer die anderen. Jemand hat entschieden, dass ich heute dieses Orchester leite, das heißt auch, dass es mir jemand zutraut, und zwar als die Persönlichkeit, die ich bin. Ich habe hier eine Funktion zu erfüllen, nicht mehr und nicht weniger. Status, Eitelkeit und das Spielen einer Rolle sind dabei so unproduktiv wie schädlich, und sie kosten mich Aufmerksamkeit und Energie. Stattdessen ist es geboten, bei meiner Persönlichkeit zu bleiben. Je freier ich mich mache von Abhängigkeiten wie Stolz, Bestätigung oder auch karrierebezogenen Taktiererein im Unternehmen, je entspannter, authentischer und glaubwürdiger ich als »ich selbst« wahrgenommen werde – wir erinnern uns: Authentizität ist keine Eigenschaft, sondern eine Wirkung –, desto eher werde ich als Führungskraft ernst genommen werden und nachhaltig erfolgreich sein.

Eines dürfen wir bei der Betrachtung der Führungsfallen insgesamt nicht unterschätzen: Was heute viele noch übersehen, denen Führungsqualität nicht wichtig ist, ist der Aspekt des Arbeitskräftemangels, der uns allen bevorsteht. Längst wissen wir in Europa, dass sich bald die

Verhältnisse verkehrt werden: Nicht mehr das Unternehmen sucht sich aus einem Pool hervorragend qualifizierter Arbeitskräfte die passende heraus, sondern qualifizierte Mitarbeiter werden problemlos attraktive Alternativen finden, wenn es ihnen bei ihrem Arbeitgeber nicht mehr gefällt. Die ersten Ansätze dazu erleben wir schon heute bei Spitzenkräften vieler Berufsgruppen – übrigens auch in Orchestern. Was aber häufig noch unterschätzt wird: Das Rekrutieren guter Leute wird eine *der* Herausforderungen der Zukunft für Unternehmen werden und ein Umdenken auch in Führungsfragen geradezu erzwingen. Denn der scheinbar erfolgreiche Chef, der auf Kosten seiner Mitarbeiter seine Machtinstrumente ausspielt und damit heute vielleicht noch durchkommt, dem wird künftig sein Team davonlaufen. Gute Unternehmen haben daher reagiert und schulen ihre Führungskräfte nicht mehr nur fachlich, sondern arbeiten mit ihnen an dem Thema Haltung. Dazu mehr im folgenden Kapitel.

4. Dienend führen

Die innere Haltung bestimmt zu einem großen Teil unser äußeres Verhalten, auch wenn viele meinen, ihrem Umfeld etwas vorspielen zu können. Man muss nicht lange suchen, um Beispiele von Führungspersonen zu finden, bei denen die innere Haltung mit dem äußeren Schein nicht kongruent ist. Die Öffentlichkeit erkennt das häufig leider erst im Scheitern, ob in der Wirtschaft oder Politik – wenn Unternehmer oder Manager sich verzockt oder Politiker ihr äußeres Wertegerüst nicht auf sich selbst angewendet haben. Bei Menschen, die wir besser kennen, erspüren wir die Inkongruenz früher, wenn auch nicht immer. Wir wissen auch, dass es unzählige Führungskräfte gibt, deren Verhalten im Verborgenen nie an die Öffentlichkeit oder die oberste Unternehmensführung gelangen. Zu spüren bekommen das die schwächeren Glieder der Kette: Mitarbeiter, die es entweder hinnehmen, aussteigen oder notgedrungen selbst in das System einsteigen und nach unten oder zur Seite weitergeben, was sie von oben abbekommen. Fast immer aber schlägt eine abweichende innere Haltung irgendwann irgendwo durch.

Es geht mir hier gar nicht darum, zu urteilen – oder zu beanspruchen, selbst immer die richtige Haltung zu haben. Wir sind als Menschen stets in Versuchung und niemals fehlerfrei. Aber ich möchte dafür werben, dass wir unsere innere Haltung überprüfen und nicht meinen, sie überspielen zu können. Wir müssen zuallererst an unserer Einstellung arbeiten, dann folgt das Äußere. Und das meine ich nicht naiv nach dem Motto, die Menschheit müsse nur endlich gut werden. Ich meine vielmehr, dass es sich für uns selbst rentiert, unsere innere Haltung zu überprüfen. Es geht um Wahrhaftigkeit und Glaubwürdigkeit, mit der wir gerade heute viel mehr gewinnen als kurzfristigen Ruhm und Anerkennung. Dieses große Glücksgefühl, das ich als Musiker haben darf, wenn Peripetie gelingt – dieser geniale Moment, in dem Musik entsteht –, kann sich nur einstellen, wenn ich dahinter nicht das schale Gefühl verspüre, getäuscht zu haben. Ungetrübte Befriedigung über die Freude anderer, wenn im übertragenen Sinne das Publikum verändert aus dem Konzert geht, erfordert Wahrhaftigkeit.

Treten wir daher einen Schritt zurück und fragen wir uns, aus welchem Grund wir unsere Arbeit eigentlich tun. »Aufstehen, Straßenbahn, vier Stunden Büro oder Fabrik, Essen, Straßenbahn, vier Stunden Arbeit, Essen, Schlafen, Montag, Dienstag, Mittwoch, Donnerstag, Freitag, Samstag, immer derselbe Rhythmus – das ist sehr lange ein bequemer Weg. Eines Tages aber steht das ›Warum‹ da, und mit diesem Überdruss, in den sich Erstaunen mischt, fängt alles an«, schrieb Albert Camus in *Der Mythos des Sisyphos*.

Welchem Zweck diene ich mit dem, was ich tue? Meistens verfolge ich mit meinem Tun ein ganzes Bündel an Zielen. In Befragungen steht häufig »Geld verdienen« obenan. Aber Geld verdienen als Selbstzweck? Dahinter stehen eher Wünsche wie Unabhängigkeit, Statussymbole oder Bequemlichkeit, die durch das erwirtschaftete Geld ermöglicht werden. Problematisch wird es, wenn das Anhäufen materieller Güter tatsächlich zum Alleinzweck wird. In der Bibel steht ein weiser Satz dazu: »Wo Euer Schatz ist, da wird auch Euer Herz sein« (Lukas 12,24). Sie bietet ein ganzes Bündel an Gleichnissen, warum das materielle Ziel nicht nachhaltig ist – eine lohnende Lektüre. Wo ist mein Herz bei dem, was ich tue? Das ist eine Frage, die sich auch jede Führungskraft stellen muss. Im vorigen Kapitel haben wir einige Beispiele dazu besprochen, zum Beispiel Führen zum Zwecke der Demonstration meines Status, der Befriedigung meiner Eitelkeit, des Erhaltens meiner Macht. Die Orchesteranalogie zeigt sehr klar: Damit wird es mir nicht gelingen, mit dem Orchester das zu erreichen, wodurch tatsächlich Befriedigung im Moment des Konzerts entsteht: das Publikum zu bewegen.

Übertragen Sie dieses Ziel auf Ihren Beruf, und Sie werden hoffentlich ein vergleichbares Ziel finden. Schauen Sie dabei auf den Unterschied zwischen Unternehmenszweck und Unternehmenssinn und fragen Sie sich, ob Sie den Sinn kennen und ihn unterschreiben würden. Der Unternehmenszweck eines Orchesters ist, Musik zu machen. Der Unternehmenssinn könnte sein, Menschen zu bewegen (andere kommen hier vielleicht zu anderen Ergebnissen; darum geht es jetzt nicht). Die Frage nach dem Sinn ist nicht zu unterschätzen, wenn wir wirksam werden und Veränderung schaffen wollen. Als Dirigent habe ich es vermeintlich einfach, Sinn darin zu finden, Menschen zu bewegen. Aber wie sieht es in der Wirtschaft aus? 1982 wollte Steve Jobs den Pepsi-Manager John Sculley für Apple – damals noch ein recht kleines Unternehmen – abwerben. Sculley verdiente zu diesem Zeitpunkt bei Pepsi viel mehr Geld, hatte viel mehr Macht, Mitarbeiter, Ruhm und Privilegien, als Jobs ihm bei Apple hätte bieten können. Die entscheidende Frage, die Jobs ihm stellte, war: »Do you want to sell sugared water for the rest of your life or do you want to come with me and change the world?« Sculley wechselte zu Apple und machte die Firma erfolgreich.

Dass ich so ausführlich auf diese Sinnfrage eingehe, hat natürlich einen Grund: Wenn die Führungskraft nicht motiviert ist, den Sinn ihres Handelns zu verstehen und sich dann in dessen Sinne einzusetzen, wird sie nicht die innere Haltung aufbringen, die das Team benötigt.

Und damit kommen wir zu dem eigentlichen Thema dieses Kapitels: dienend führen.

Um es gleich ganz klar zu sagen: Ich bin kein Anhänger von dem Konzept, das als »Servant Leadership« in die Managementliteratur eingegangen ist, bei dem der Dienst am Geführten im Vordergrund steht, also die kompromisslose Ausrichtung auf die Interessen des Mitarbeiters. Das halte ich nicht nur für zu kurz gesprungen, sondern auch für abwegig angesichts der Interessenvielfalt, der ein Unternehmen ausgesetzt ist. Jede Führungskraft wägt ja ständig eine Vielzahl von Dingen gegeneinander ab, die nicht selten in Konflikt zueinander stehen. Beispielsweise kann es notwendig sein, Kosten zu senken und dafür Mitarbeiter abzubauen. Der Zielkonflikt kann aber auch die eigene Karriere und finanzielle Aspekte betreffen (siehe oben), ferner eigene Ängste, Qualitätsansprüche oder auch nur meinen heutigen Feierabend. Häufig jedenfalls spielt das eigene Ego (unterbewusst oder bewusst) eine nicht geringe Rolle bei der Abwägung von Optionen. Und entscheidend für die daraus folgenden Handlungen ist eben meine innere Haltung: Ist sie eine dienende, sogar demütige Haltung oder eine im Wesentlichen ichbezogene? Lassen Sie uns daher zunächst kurz diese zwei Begriffe klären: Haltung und Dienen – beide bieten sonst zu viel Raum für Missverständnisse.

Haltung ist eine Entscheidung

Was meine ich mit Haltung? Auch wenn der Begriff bis zu diesem Absatz schon etliche Male gefallen ist, so möchte ich doch an dieser Stelle zum Thema Haltung noch ein paar grundsätzliche Worte verlieren: Wir Menschen werden ja von außen durch unser Verhalten bewertet und eingeordnet. Verhalten zeigt sich in unserem Fühlen und Denken und manifestiert sich in unserem Handeln. Nach innen und im eigenen Bewusstsein definieren wir selbst uns aber über unsere Identität. Die

Identität ist das, was uns in der Summe unserer Eigenschaften, Erfahrungen und Motivatoren ausmacht. Unsere Identität ist Grundlage für unser Verhalten. Das ist natürlich stark vereinfacht, aber im Grunde den meisten Menschen klar. Allerdings wird hierbei die Rolle der Haltung häufig unterschätzt oder sogar ignoriert. Unsere Haltung, das ist unser innerer Zustand, unsere Sichtweise auf und unsere Beurteilung von Menschen, Sachen und Situationen.

Aus der sogenannten Positiven Psychologie wissen wir, dass unsere Zufriedenheit sehr viel stärker von unserer Haltung abhängt als von externen, harten Faktoren. Zum Beispiel saß ich neulich morgens auf dem Weg zur Arbeit in der Berliner S-Bahn. Vor mir lag ein etwas mühsam anmutender Tag mit schwierigen Verhandlungen. In der überfüllten Bahn das übliche Bild der schweigenden, in ihre Handys oder Zeitungen vertieften Mitfahrer. Heute aber wurde es deutlich gestört durch eine mir gegenüber sitzende Dame, ich schätze Anfang vierzig. Sie war unauffällig und gemütlich gekleidet und kaum geschminkt. Offenbar fuhr sie mit ihrem Lebenspartner in die Stadt. Dabei war sie nicht besonders laut oder affektiert, aber sie hatte eine geradezu nervtötend gute Laune. Sie las auf ihrem Smartphone, zeigte ihrem Begleiter »Guckmalwiesüüüüß!« sagend Fotos, lachte leise und grinste. Alle anderen waren vereint in ihrer griesgrämigen Montagmorgenlaune und tauschten verächtliche Blicke. So auch ich. Entnervt schaute ich aus dem Fenster und dachte an all den Mist, den ich heute zu erledigen hätte.

Und dann passierte etwas, das mit dieser Szene erst mal gar nichts zu tun hatte: Für einen kurzen Moment kam ein Sonnenstrahl durch die graue Wolkendecke, fiel auf ein paar blühende Bäume, und ich sagte mir innerlich: »Könnte doch ein guter Tag werden.« Mit diesem Gedanken blickte ich erneut in die Runde und fand ein völlig verändertes Bild vor: Die nervtötende Frau war eigentlich ganz sympathisch, während mir im Gegenzug alle anderen Fahrgäste mit ihrer griesgrämigen Montagmorgenlaune plötzlich wie jammernde Kinder vorkamen. Nichts hatte sich geändert in diesen wenigen Sekunden, die ich aus dem Fenster geblickt hatte, und doch hatte sich für mich alles geändert in der Betrachtung der Situation. Eines habe ich begriffen in diesem Moment: Meine Haltung ist nicht einfach ein Gefühl, sie ist eine Entscheidung! Und von dieser Entscheidung hängt ab, wie ich meine Umwelt betrachte, einschätze und beurteile.

Im Dienen liegt Größe

Was das Dienen betrifft, so haben wir heute ein merkwürdiges, fast negatives Bild von diesem Begriff. Als würde uns etwas genommen werden, wenn wir jemandem oder einer Sache dienen müssen. Dabei tun wir das ohnehin die ganze Zeit und täuschen uns darüber hinweg, indem wir meinen, mit unserer Karriere dem Dienen-Müssen entfliehen zu können: Der Mitarbeiter denkt: »Wenn ich nur endlich Führungskraft wäre, dann wäre es vorbei mit dem Dienen!« Aber die Führungskraft hat weitere Ebenen über sich und denkt: »Wenn ich nur endlich Vorstand wäre!« Aber der Vorstand hat einen Aufsichtsrat über sich und denkt: »Wenn ich nur endlich Aufsichtsrat wäre!« Aber der Aufsichtsrat hat Gesellschafter über sich und denkt: »Wenn ich nur endlich Gesellschafter wäre!« Aber der Gesellschafter hat einen Markt über sich. Und der Markt, das sind alle Menschen, nicht nur Kunden, auch Stakeholder. Es sind die Mechanismen, Regeln und Grenzen des Marktes. Der Markt wirft nicht nur wirtschaftliche, sondern auch politische, gesellschaftliche, ökologische, ethische, womöglich gar philosophische Fragen auf. Aus denen leiten sich Aufgaben ab – und ein weiteres Dienen.

Kurz: Alle in der Wirtschaft tätigen Menschen dienen irgendwem oder irgendwas, und sei es dem eigenen Kontostand. Warum also nicht das Wort »dienen« wieder positiv sehen? Kein Mensch kann sich vom Dienen befreien. Aber wir können wählen. Es geht nicht um Versklavung, sondern um eine freie Entscheidung, jemandem oder etwas zu dienen. Selbst in der Beziehung zwischen zwei Menschen ist das eine oft vergessene Tugend: Solange man über beide Ohren verliebt ist, dient man ganz automatisch, investiert Zeit und macht bisweilen sogar irrationale Dinge, um den anderen zu erhöhen, fährt Hunderte von Kilometern für einen Cappuccino zu zweit. Später scheint das oft zu vergehen, und wenn zu viel »ich« in die Beziehung kommt, steht sie vor dem Scheitern. Ich halte eine dienende Haltung daher für den Schlüssel zu einer langfristig funktionierenden Beziehung. Sie ist auch der Schlüssel zu einer langfristig erfolgreichen Führung von Menschen. Und sie macht mich selbst langfristig zufriedener, wie wissenschaftliche Experimente gezeigt haben.

Das hat auch etwas mit Demut vor seinem Gegenüber zu tun. Ein weiterer Begriff, der heute kaum verwendet wird; meines Erachtens auch, weil er mit Selbstgeißelung gleichgesetzt wird. Viele denken dabei vielleicht an die sich selbst verurteilenden Mönche aus *Der Name der Rose* und meinen, dass Demut bedeute, sich klein oder schlecht zu machen. Dabei geht es um etwas ganz anderes. C. S. Lewis schrieb: »Demut bedeutet nicht, weniger *von* sich selbst zu denken, sondern weniger *an* sich selbst zu denken.« Und das ist tatsächlich ein weises Wort, ganz besonders im Zusammenhang mit Führung. Wir haben mehrfach bereits gesehen, wohin es führt, wenn die Führungskraft zu viel an sich selbst denkt – ob es das Nachdenken darüber ist, wie ich meine Hände halte, das mich vom Publikum wegführt, oder meine Selbstverliebtheit, die das Orchester durchschaut und auf Distanz bringt. Noch einmal: Der Taktstock klingt nicht, die Musik machen die anderen – wie soll man da nicht demütig sein?

Wertschätze ich die Musik, die ich mache? Dient mein Handeln, ihr zu Raum und Klang zu verhelfen? Dann kann auch gegenüber den Musikern meine Haltung nur eine dienende sein. Und wenn es mir dann gelingt, dieses Team zu Großem zu führen, dann habe auch ich Anteil an diesem Ergebnis. »Wer unter euch groß werden will, soll den anderen dienen«, heißt es schon in Matthäus, Kapitel 20. Dass man trotzdem klare Ansagen machen kann und sogar manchmal machen muss, dass man eine klare Vision vertritt und im Zweifelsfall auch die gemeinsame Marschrichtung vorgibt, steht zur dienenden Haltung in keinerlei Widerspruch – weder bei Matthäus noch in unserer heutigen Welt. Schauen wir uns also an, wo diese dienende Haltung konkret wird.

Dienend im Schauen: Augen-Blicke nutzen

Wenn das Dienen aus einer inneren Haltung entspringt, dann kann es nicht nur Teile unseres Tuns umfassen. Dann muss ich mit allem, was ich bin, dem Ideal der Musik, so wie ich sie hören möchte, Ausdruck verleihen. Und das umfasst viel mehr als meine Worte. Wir kommunizieren nonverbal viel mehr als rein sprachlich. Trotzdem erlebt man immer wieder, dass Menschen nonverbale Defizite mit Worten zu kompensieren versuchen. Das hat oft mit der inkongruenten inneren Haltung zu tun und wirkt sich im Orchester sofort musikalisch aus. Worte können das Ungesagte unterstreichen, aber das Orchester merkt schnell, wenn meine innere Haltung eine andere ist, denn sie ist das Entscheidende. Franz von Assisi sagte: »Predige das Evangelium zu jeder Zeit und, wenn nötig, benutze Worte!« Im übertragenen Sinne könnte man sagen: Drücke stets deine Haltung und Ziele aus, und, wenn nötig, auch mit Worten.

Hier passt das Bild des Dirigenten als Führungskraft besonders gut, da er viel weniger redet, als dass er nonverbal führt. Wie wir gesehen haben, geht es dabei eh weniger um die Schlagtechnik oder das Geben von Einsätzen. Innere Haltung und Vision vermitteln sich vor allem über Gestik, Mimik und die Augen. Insbesondere letztere werden in unserer Kommunikation häufig unterschätzt. Zwischen Dirigent und

Musiker liegen bisweilen 20 Meter. Über diese und selbst über noch größere Distanzen hinweg können Blicke aufbauen und vernichten, bestätigen und korrigieren, motivieren und demotivieren. Probieren Sie das selbst einmal bewusst aus, wenn Sie zu einer Gruppe von Menschen sprechen oder einen guten Redner erleben. Sie erkennen sofort, ob er jemandem direkt in die Augen schaut oder nur seinen Blick schweifen lässt, und selbst auf große Entfernung können Sie spüren, welches Gefühl er dabei ausdrückt.

Blicke bestätigen und untermauern das Gesagte, sie sind für uns auch ein Prüfstein für die Glaubwürdigkeit des Adressaten. Das dauerhafte Ausbleiben von Blicken hat deshalb eine besonders starke Wirkung. Im Team kann das fatal sein, passiert aber regelmäßig. Wir kennen das schon aus der Schule: Unglückliche Kinder berichten oft davon, dass sie von Lehrern nicht beachtet würden (und entwickeln Strategien, Beachtung zu erlangen). Auch im Orchester passiert das häufig: Es gibt Stimmgruppen, die weniger präsent sind, aber nicht weniger wichtig. Ein beliebtes und stereotypes Beispiel sind die Bratschen (sie mögen es mir verzeihen). Wenn der Dirigent die Bratschen nie ansieht, entsteht ganz zwangsläufig irgendwann das Gefühl, nicht wichtig zu sein. Das ist keine gute Motivation, sich zu engagieren.

Ein bewusster Blick hingegen kann unheimlich viel bewegen. Er ist die vornehmste Form der Anerkennung. Dazu ein Beispiel aus meinen Seminaren, das mich selbst immer wieder in seiner Eindeutigkeit und Klarheit verblüfft: Ein Teilnehmer steht neben mir auf dem Dirigentenpodium und erhält die Aufgabe, immer auf die Instrumente zu blicken, die ich ihm zuflüstere. Das geht sehr schnell, es vergehen kaum zwei Sekunden, bis wir zum nächsten Instrument blicken. Wir machen das dann ein zweites Mal. Dieselbe musikalische Passage, aber diesmal mit Blicken auf andere Instrumente. Anschließend stelle ich dem Teilnehmer drei Fragen: »Was war unterschiedlich zwischen den beiden Malen?«, »Haben Sie mit Ihrem Blick Erwiderung gefunden bei den Musikern?« und »Haben Sie das Gefühl, mit Ihrem Blick einen Unterschied zu machen?«.

Die Antworten sind stets vergleichbar: »Das erste Mal hatte ich das Gefühl, ich verfolge die Stimmen, die gerade wesentlich herausstechen, das zweite Mal habe ich begleitende Elemente beobachtet – beides hatte seine eigene Schönheit. Mit den Musikern hatte ich meist kurzen Blickkontakt, in beiden Fällen. Entscheidend war das nicht.« Dann frage ich einen derjenigen Musiker, die zur ersten Gruppe gehörten, die also einen kurzen Einwurf hatten, der musikalisch entscheidend war: Hat es für ihn einen Unterschied gemacht, dass wir ihn beim ersten Mal kurz angesehen haben? »Und wie!«, kommt dann fast immer zurück. »Warum?«, will ich wissen. »Wenn ich kurz vor meinem Einsatz den Blick des Dirigenten bekomme, kann ich diese entscheidende Stelle musikalisch ganz anders spielen.«

Wow, das sitzt ungemein! Für viele Teilnehmer ist es eine völlig überraschende Erkenntnis, welchen Unterschied ein so kurzer, scheinbar völlig unbedeutender Blick für den Musiker macht: Es ist dieser Moment der Anerkennung, dass der Musiker jetzt einen wichtigen Part hat, der ihm die Freiheit gibt, kreativ zu sein – eben Musik zu machen. Anerkennung in diesem Sinne unterscheidet sich ganz erheblich von Lob, das oft damit in einen Topf geworfen wird. Sie ist viel nachhaltiger und wirkungsvoller. Natürlich muss der Chef seine Mitarbeiter loben, und das nicht im schwäbischen Sinne (»Nicht getadelt ist genug gelobt.«). Aber ein Lob erfolgt nachträglich. Ein Blick hingegen bestärkt eine bevorstehende Handlung. Im richtigen Moment auf jemanden zu achten drückt Achtung aus – im Sinne von Respekt und Wertschätzung. Die Anerkennung, dass der Mitarbeiter nun etwas Entscheidendes beitragen wird, und das Signal, dass sein Leiter ihn darin bestätigt, ihm den Rücken stärkt und bei ihm ist, befähigen den Musiker, über sich selbst hinauszuwachsen. Deren Abwesenheit indessen verursacht Unsicherheit und im schlechtesten Fall ein Sich-alleingelassen-Fühlen. Das sind keine guten Voraussetzungen für einen Musiker, um Musik zu machen.

In unserem Experiment galt die Aufmerksamkeit beim zweiten Mal der Gruppe, die eine Begleitstimme zu spielen hatte. Auch hier frage ich die Musiker: Hat es einen Unterschied gemacht, dass wir sie angesehen haben? Die Antworten sind erstaunlich: Die Musiker fühlten sich durch den auf sie gerichteten Blick entweder verunsichert oder unpassend ermuntert. Verunsichert, da sie sich fragten, ob sie gerade nicht genug Leistung brachten (»Warum schaut der gerade zu uns?«), oder ermuntert, lauter zu spielen. Beides war weder intendiert noch hilfreich in diesem Moment, da ja ein anderes Instrument das Thema spielte und die Begleitung durch die überraschende Aufmerksamkeit unpassend lauter wurde.

Für die Führungskraft liegt in der richtigen Form der Anerkennung ein gewaltiges Potenzial. Indem sie ihren Blick – und damit ist natürlich auch ihre Aufmerksamkeit als solche gemeint – im richtigen Moment auf die entscheidenden Leute lenkt, wird sie Motivation wecken und das Ergebnis verbessern. Viel zu oft denken wir: »Die Kollegen machen das so gut! Wir wollen sie mal besser nicht ablenken oder zu viel Druck aufbauen.« Und dann schauen wir nicht hin. Oder wir achten nicht darauf, wem unsere besondere Aufmerksamkeit in einem bestimmten Moment gelten sollte. Doch das entscheidet über die Qualität unseres Blickes und unserer Zuwendung und darüber, wie die Mitarbeiter sie wahrnehmen: als wohlwollend und positiv bestärkend oder als kritisch und demotivierend.

Ein Blick richtet sich immer auf einen bestimmten Punkt, einen einzelnen Mitarbeiter oder eine Gruppe. Das heißt aber nicht, dass die jeweils anderen ihn nicht ebenfalls registrieren. Wir sollten nicht unterschätzen, welche Wirkung unsere Blicke, Gestik und Mimik in jedem Moment auf das gesamte Team haben. Der Dirigent ist dauerhaft unter Beobachtung seiner Musiker, und sei es nur aus dem Augenwinkel. Ein Team nimmt seinen Chef konstant irgendwie wahr. Die Art, wie dieser auf seine Mitarbeiter schaut, wird deren Arbeit maßgeblich beeinflussen. Im richtigen Blick zur richtigen Zeit zeigt sich für den Mitarbeiter die dienende Haltung der Führungskraft. Dieser Blick sagt: Es ist unsere gemeinsame Sache – wir wollen Musik machen, statt Noten zu spielen. Dieser Blick ist nicht aufgesetzt und oberflächlich. Er kommt von innen heraus.

Dienend im Hören: Zuhören

Zu einer dienenden Haltung gehört auch das Hören, das Anhören, das Hinhören, das Zuhören. Wir haben bereits über den Unterschied zwischen dem Hören und dem Zuhören gesprochen. Hören kann man Musik auch neben dem Kochen, Lesen, Joggen, Spielen, Arbeiten, aber Zuhören erfordert gerichtete Konzentration auf die Musik. Wenn ich als Dirigent ein Team führe, das diese Musik produziert, ist Zuhören meine wichtigste Aufgabe. Alles andere ist nachgeordnet. Sonst könnte ich nach dem Einsatz zum ersten Ton auch ein Metronom aufstellen und gehen.

So evident die Wichtigkeit des Zuhörens beim Dirigenten erscheint, so wichtig ist es aber auch für jede andere Führungskraft. Hören Sie Ihrem Team wirklich zu, bei dem, was es tut, und bei dem, was es Ihnen mitteilen will? Als Berater habe ich gelernt, dass unsere Aufgabe viel weniger darin besteht, neue Dinge für das Unternehmen zu erfinden, als darin, das Wichtige und Richtige herauszudestillieren. Meistens finden wir diese Dinge bereits vor, sie stecken irgendwo im Team. Selbst ein Großteil der täglichen Führungsentscheidungen wird meines Erachtens im Team bereits vorbereitet. Der Flötist spielt das Thema bereits auf eine bestimmte Art und Weise und schließt damit sehr viele andere Möglichkeiten aus, die nicht seiner musikalischen Persönlichkeit entsprechen. Das gilt für das Orchester und für jedes Team im

Unternehmen: Die Vielzahl der kleinen alltäglichen Entscheidungen auf den unteren Ebenen determiniert den Handlungs- und Entscheidungsraum auf den höheren Etagen. Eine Kernaufgabe nicht nur des Beraters besteht daher darin, Fragen zu stellen und zuzuhören, wirklich hinzuhören. Wenn Projekte scheitern, dann nicht selten daran, dass die Berater oder auch die Chefs nicht richtig hingehört haben oder die Entscheidungen mit den ausführenden Teams nicht mehr genug zu tun haben.

Zuhören ist selten neutral. Sofort schalten wir einen Kontext hinzu und gleichen mit unserer Erfahrung und Erwartung ab. Hinzu kommt die selektive Wahrnehmung unserer Sinne, die unterbewusst gesteuert wird und uns hilft, nur das vermeintlich Wesentliche aus der Flut von Reizen herauszufiltern. Das *vermeintlich Wesentliche* wird wiederum durch unseren Vorfilter selektiert: Erfahrung und Erwartung. Wenn aber alles unserer Erfahrung und Erwartung entspricht, werden wir schnell unaufmerksam. Setzen Sie sich einmal in einem stillen Wald auf einen Baumstumpf oder einen Hochsitz. Nachdem Sie sich an der Schönheit des Waldes ausführlich erfreut haben, können Sie stundenlang ohne besondere Aufmerksamkeit in eine Richtung schauen. Ihre Gedanken fließen dahin, und Ihr Blick erfasst keine Einzelheiten mehr. Aber in dem Moment, in dem im entferntesten Winkel ein Tier in Ihr Sichtfeld gerät, werden Sie hellwach. Sie fokussieren Ihren Blick, und Ihre Ohren versuchen, dem Blick zu folgen. Andersherum gilt das genauso: Wenn Ihre Ohren etwas wahrnehmen, Sie zum Beispiel hinter sich ein Knacken hören, werden auch Ihre Augen dem Geräusch folgen.

Was evolutionspsychologisch natürlich mit Gefahrenabwehr und der Notwendigkeit zur Nahrungsbeschaffung erklärt wird, ist bis heute unsere Reaktionswirklichkeit. Als Dirigent kann ich wunderbar vor mich hin taktschlagen und mich berieseln lassen; in dem Moment aber, in dem jemand einen falschen Ton spielt, bin ich hellwach und richte mein Zuhören auf die Quelle des Fehlers. Das führt ganz automatisch zu einer beständigen Fehlerwahrnehmung. Sie beruht auf meiner Erfahrung, wie bestimmte Töne, Instrumente, Zusammenklänge bis hin zu bestimmten Komponisten klingen, und meiner Erwartung, die zum Beispiel meiner Kenntnis der Partitur entspringt. Ein schönes Beispiel, das diesen Effekt illustriert, ist Joseph Haydns Sinfonie Nr. 94. Völlig gegen Erfahrung und Erwartung kommt im 16. Takt des zweiten Satzes auf die leichte Zählzeit ein Forteschlag des Orchesters – natürlich inklusive Pauke. Laut musikhistorischer Legende soll Haydn diesen Paukenschlag in den langsamen Satz hineinkomponiert haben, um das träge Publikum aus seinem konzertierten Tiefschlaf zu wecken.

Wenn wir uns durch die Bestätigung von Erfahrung und Erwartung einlullen lassen und nicht mehr richtig zuhören, passiert es viel zu häufig, dass wir nur die Fehler wahrnehmen. So entstehen eine Abwärtsspirale negativer Wahrnehmung und eine einseitige Sichtweise. Wir werden dann alle Dinge, die aus der Reihe fallen, zu Fehlern deklarieren und auszumerzen versuchen. Mit unserem geschulten Gehör werden wir in jeder Probe oder Aufführung das heraushören, was nicht dem Ideal der geschriebenen Partitur entspricht. Wir werden versuchen – und das Orchester zwangsläufig mit uns –, alles glattzubügeln, was aus der Reihe fällt. Und wir werden stets einen kritischen Blick auf das Orchester haben.

Dazu ein anderes Experiment aus meinen Workshops: Ich bitte einen Teilnehmer zu mir auf das Podium und lasse ihn zwei Mal dieselbe Stelle hören. Beim ersten Mal flüstere ich in sein Ohr lauter Dinge, die nicht optimal gelaufen sind, beim zweiten Mal komme ich unauffällig ins Schwärmen. Auf die Frage, bei welchem Mal das Orchester besser gespielt habe, antworten alle Teilnehmer (sofern sie die Absicht nicht vorher durchschaut haben) wie aus der Pistole geschossen: »Beim zweiten Mal.« Fragt man die anderen Teilnehmer oder die Musiker, war die Stelle aber in beiden Fällen in etwa gleich gespielt worden. Wir sind ja so beeinflussbar! Allerdings beeinflussen wir uns selbst am stärksten. Die Erwartungshaltung, mit der ich das Orchester höre, wird meine Wahrnehmung, wie es spielt, ganz entscheidend prägen. Nochmals allgemeiner und zurückkommend auf die Positive Psychologie: Meine Beurteilung des Gehörten hängt davon ab, wie mein Gehirn die wahrgenommene Realität verarbeitet. Das wiederum folgt aber meiner Entscheidung, meiner Haltung gegenüber dieser Realität. Es ist daher problematisch, wenn ich meinem Gehirn ständig das Signal zurücksende, dass das Ergebnis noch nicht gut genug gewesen sei. Hinzu kommt, dass meine Wahrnehmung des Gehörten wiederum beeinflusst, wie ich führe. Wie ich die Musik höre, so werde ich sie auch dirigieren.

Ich habe bereits über die Zeitzonen des Dirigierens gesprochen (siehe das Kapitel »Die Vision ist dem Klang einen Schritt voraus«). Die am weitesten vorgreifende Zeitempfindung während des Dirigierens ist die des inneren Hörens. Da höre ich gewissermaßen im Stillen die Partitur voraus (ich lese sie oder habe sie verinnerlicht, kenne sie also auswendig) und bin damit immer einen Schritt vor dem realen musikalischen Geschehen. Ich höre vor meinem inneren Ohr bereits, was das Orchester gleich spielen wird. Dadurch baue ich eine innere Erwartung auf, die ich im nächsten Moment auch ausstrahlen werde. Meine Erwartung ist unvermeidlich auch mit meiner Haltung verbunden: Habe ich eine negative Haltung, werde ich nicht dieselbe Ausstrahlung produzieren, wie wenn ich positiv gestimmt bin. Ich werde dann auch nicht dasselbe hören, weil die negative Erwartung den negativen Eindruck verstärkt. Vor allem aber beeinflusst sie die Leistung des Orchesters oder meines Teams, das meine Ausstrahlung und Erwartungshaltung spiegelt. Ich zwinge damit auch die Musiker oder Teammitglieder in eine negative Erwartungsspirale und in ein schlechteres Ergebnis.

Auch unsere Leistungsfähigkeit hängt entscheidender von unserer Haltung ab als von harten Faktoren wie unserer Fachkompetenz. Es geht natürlich nicht darum, als Führungskraft immer gut drauf zu sein, um alle zu motivieren – wir dürfen nicht vergessen, dass auch das Team mit einer individuellen Haltung auf uns schaut. Mir geht es um das *bewusste* Einsetzen einer positiven Haltung, die zu positiver Wahrnehmung führt, um Veränderung zu erzeugen und Peripetie zu ermöglichen. Unsere Haltung wirkt sich nicht nur mittelfristig auf das Team aus, sie wirkt sofort, wenn sie authentisch ist.

Wenn wir ständig nur kritisch auf Verbesserungspotenzial bei uns selbst und bei unseren Mitarbeitern schauen, werden wir nie große Kunst machen können. Denn Musik entsteht nicht erst bei höchster Perfektion, sie entsteht auch ohne Perfektion in der Dynamik des Zusammenspiels. In einer typischen High-Performance-Kultur gelten sicher 80 Prozent der Konzentration der Mitarbeiter den vielleicht 20 Prozent Verbesserungspotenzial – getrieben von Personalgesprächen, Up-or-Out-Prinzipien und Feedback-Bögen. Solche Rückmeldungen sind nicht per se falsch, führen aber zu ungünstiger Fokussierung auf das Negative oder – neudeutsch – das Verbesserungspotenzial. Wie wäre es wohl, wenn die Mitarbeiter 80 Prozent ihrer Konzentration darauf verwendeten, die bereits erreichten wunderbaren 80 Prozent echter Leistungsfähigkeit zur völligen Entfaltung zu bringen? Und wie viel höher wäre die Potenzialentwicklung, wenn die Mitarbeiter sich auf diejenigen Schwächen fokussieren könnten, die ihre Stärken verbessern? Ich werde nicht versuchen, einen Hornisten auf der Klarinette zu schulen. Das gilt auch im Kleineren: Warum dem auf das tiefe Horn spezialisierten Hornisten abverlangen, das hohe zu spielen? Warum den Spezialisten für neue Musik unbedingt Händel spielen lassen?

Zurück zur Führungskraft selbst: Um unsere Führungsleistung zu verbessern, sollten wir uns fragen: »Wem dienen wir mit unserem Hören?« Hören wir auf das Kritische, weil wir dann zeigen können, dass wir es draufhaben, dass wir die Fehler erkennen und ausmerzen und dass wir unserem Job als Führungskraft gewachsen sind? Oder hören wir auf das Wunderbare, das unser Team bereits produziert, und trachten danach, es zu entwickeln, zu verstärken und sichtbar zu machen?

Abschließend sei noch ein weiterer Faktor erwähnt, der unser Hören beeinflusst: Es ist der Blick. Er lenkt unser Hören ganz enorm. Sie kennen das sicherlich, wenn Sie mit mehreren Personen am Tisch sitzen, die sich alle miteinander unterhalten. Wo Sie hinsehen, dorthin richtet sich auch Ihr Gehör. Im Orchester ist das nicht anders: Schaue ich als Dirigent intensiv auf die Celli, während eigentlich die Klarinette das Thema hat, kann es mir passieren, mich in der Schönheit des Celloklangs zu verlieren und das Klarinettenthema zu verpassen. Das wäre nicht tragisch, wenn es nicht die Leistungsfähigkeit des Klarinettisten schwächen würde – weil es ihn im Gegenzug stärken würde, wenn ich ihm die kurze Aufmerksamkeit meines Blicks entgegenbrächte (siehe das Kapitel »Dienend im Schauen«).

Dienend im Reden: Vertrauen schenken

Alles, was wir über nonverbale Kommunikation gesagt haben, hat seine Entsprechung in Worten, und ich habe in allen Kapiteln immer wieder auch über verbale Teamführung gesprochen. Dennoch möchte ich die Kommunikation mit Worten zum Abschluss noch einmal gesondert in den Mittelpunkt rücken, und zwar bezogen auf die einseitig gerichtete Kommunikation der Führungskraft, auch Anweisung genannt.

Die Probenzeit ist immer knapp. Alle ansprechbaren Dinge mit Worten auszudrücken würde mehr Zeit verlangen als für die Korrekturphasen zur Verfügung steht, und es würde auch nicht in die Aufmerksamkeitsspanne der Musiker passen. Das gilt im übertragenen Sinn für jedes Team. Deshalb muss, wie bereits erwähnt, diese Zeit produktiv genutzt werden. Viel zu oft verlieren wir uns darin, von selbst heilende Dinge anzusprechen (siehe das Kapitel »Wir sitzen alle auf einer Bühne«). Wir können auch nicht immer alles transparent machen oder ausdiskutieren. Da die Wahrnehmungsperspektiven unterschiedlich sind, müsste man zu viel erklären, manches würde aus anderem Blickwinkel gar nicht verstanden, nicht alles ließe sich überhaupt in Worten sinnvoll erklären und so weiter. Kurzum, man darf, ja man muss als Führungskraft auch Entscheidungen treffen können, ohne sie zu begründen (ich spreche hier wohlgemerkt nicht über Dinge, die gebotener Transparenz unterliegen).

Die beiden entscheidenden Fragen aber lauten: Dienen unsere Worte den Menschen und der Sache oder etwas anderem? Und zweitens: Wann, warum und auf welche Weise spreche ich sie aus? Sind meine Worte zum Beispiel eine Begründung, schaffen sie Verständnis, sind sie eine Erläuterung, eine einfache Ansage oder auch mal eine Geschichte, ein Witz, oder schweige ich (denn auch ein Schweigen kann angebracht sein)? Nicht, dass wir uns all diese Fragen jederzeit bewusst stellen könnten. Sie spiegeln jedoch unsere Haltung, und der Haltung geht eine Entscheidung voraus.

Beidem, dem Menschen und der Sache, hilft ein gewisses Maß an Orientierung im Dschungel der Noten, um als Netzwerk zu funktionieren. Dann können wir das Team von der bidirektionalen Kommunikation mit dem Chef (ineffizient und uneffektiv) hin zu einer Netzwerk-Kommunikation untereinander entwickeln. Dann kann die Führungskraft im Netz der Teamarbeit in den Hintergrund rücken und das tun, was eigentlich ihre Aufgabe ist: das Team zu gestalten, anstatt es die ganze Zeit managen zu müssen.

Hierfür ein Beispiel: Musik wurde bis ins späte 19. Jahrhundert hinein und wird bisweilen auch heute themenbasiert, oft sogar kontrapunktisch komponiert. Kontrapunktik (vom lateinischen »punctus contra punctum«, das heißt »Note gegen Note«) steht für ein Kompositionsmodell, in dem wiederkehrend eine bestimmte Tonfolge als Ge-

genstimme parallel zur Melodie erklingt. Bisweilen führt das zu einer komplexen Architektur quer durch alle Stimmen der Partitur. Das Problem ist nur, dass jeder Musiker lediglich seine eigene Stimme aufliegen hat und die Struktur daher im besten Falle hören, nicht aber sehen kann. Da die Struktur in der Regel wiederkehrend ist, kann es häufig sehr sinnvoll sein, sie dem Orchester an einer Stelle beispielhaft darzulegen. Um sie begreifbar zu machen, lässt man in der Regel die Hauptstimmen isoliert von den Begleitungen spielen. Oft betrifft das mehr als zwei Instrumentengruppen, die sich die melodischen Verläufe aufteilen, sie sich hin- und herspielen oder sie untereinander verstärken. Damit macht der Dirigent für alle hörbar, was nur er in seiner Partitur auf einen Blick herauslesen kann: wie sich die wesentlichen Strukturverläufe der Musik durch das Orchester bewegen. Diejenigen Musiker oder Stimmgruppen, die am Hauptgeschehen beteiligt sind, können nun viel besser aufeinander eingehen. Diejenigen, die harmonisch oder rhythmisch begleitend beschäftigt sind, erhalten so ihr Maß, an dem sie sich orientieren können, nämlich die Stimmen, denen sie sich in jener Passage unterordnen und die sie begleiten müssen. Dadurch spannt sich ein Netz aus Tönen, die ineinandergreifen, ein Netz des gegenseitigen Hörens und Atmens, das das Orchester befähigt, sich einzuschwingen und einen gemeinsamen Klangkörper zu bilden.

Der Dirigent schafft damit ein Weiteres, quasi nebenher: Er überträgt Verantwortung auf das Orchester und befreit sich von der Last, alles durchzumanagen. Zugleich verlagert er auch die Konzentration des Teams, den Fokus und das Hören der Musik in das Orchester hinein, also weg von sich selbst als Manager, hin zu einem in sich stabilen Team, dem der Dirigent Impulse gibt, in das er nur noch korrigierend eingreift, dem er den Rücken stärkt, das er motivierend vorausschauend begleitet.

Die wesentliche Voraussetzung dafür aber ist gegenseitiges Vertrauen. Musik funktioniert nicht mit Netz und doppeltem Boden. Den

Vertrauensvorschuss aber muss zunächst der Dirigent, muss die Führungskraft aufbringen. Vertrauen beginnt immer beim Chef. Niemand kann eine dienende Haltung einnehmen, der seinem Team nicht vertraut. Denn sein Problem wird dann sein, dass ihm das Team ebenfalls nicht vertrauen wird. Und das bedeutet, dass er seine Vision mit diesem Team nicht wird umsetzen können. Und nicht nur das: Die Chance, das Team zu Peripetien hinzuführen und wirklich Musik zu machen, wird sehr gering. Oft werde ich gefragt, wie das denn ginge, diesen Vertrauensvorschuss zu geben. Man habe es doch immer wieder mit Schlechtleistern zu tun und mit Menschen, die Vertrauen ausnutzen und missbrauchen. Ja, kann ich dazu nur sagen, das stimmt, und damit umzugehen ist eine Kunst, braucht Vorsicht und Gespür, manchmal auch Entscheidungskraft und Maßnahmen, es braucht auch Kontrollmechanismen und unabhängige Instanzen. Und dennoch, eines darf ich als Dirigent nie vergessen: Die Musik machen die anderen, mein Taktstock klingt nicht. Und wenn ich nicht immer wieder bereit bin, Vertrauen zu schenken, werden wir immer nur Noten spielen und nie Musik machen.

Danke!

Ursprünglich begann dieses Buch einmal mit dem Satz: »Ein Großteil des Buches ist abgeschrieben – wir wissen nur leider nicht mehr, wo. Insofern wären wir für ein ausführliches Wikiplag dankbar.« Nun steht der Satz hier am Schluss. Er weist auf die Menschen hin, denen der erste Dank gelten sollte – nämlich all jene, die uns zu diesem Buch inspiriert haben: Chefs, Kollegen und Mitarbeiter, denen wir im Laufe der Jahre begegnet sind und von denen wir lernen und profitieren durften, aber auch Professoren, Autoren, Speaker, Trainer, Coaches und zahlreiche spannende Bücher, die uns viel inhaltlichen Input gegeben haben. Und natürlich ist nur jede ungerade Seite abgeschrieben.

Andere wiederum haben entscheidend zum unmittelbaren Entstehen dieses Buches beigetragen, sei es direkt oder indirekt. Der uneingeschränkt größte Dank gilt unseren drei geliebten Frauen Anja, Christina und Nicola. Da wir zusammen 14 Kinder im Alter zwischen einem und 13 Jahren haben, ist ihre Unterstützung für dieses Buch – allein schon durch das Freigeben von Zeit (der wertvollsten Ressource, die wir haben) – unschätzbar. Darüber hinaus waren alle drei auch unsere kritischsten inhaltlichen Gradmesser. Des Weiteren danken wir unseren Eltern, die es erstaunlicherweise geschafft haben, dass wir drei uns trotz zahlloser veritabler Prügeleien immer noch mögen. Von ihnen haben wir unendlich viel Wertvolles gelernt, unter anderem, der

Welt nicht kritiklos, aber stets mit Humor zu begegnen – sie verdienen größten Respekt. Und wir danken unseren wundervollen Kindern, die uns in Sachen Führung immer wieder auf den Boden der Tatsachen zurückholen.

Außerdem danken wir von Herzen Anne Gördes, Christoph Schlegel, Volker von Courbière, Klaus Schweinsberg, Mark Mast, Glenn Chapman, Annette Collisy-Lenzen, Frank Heuel, Johannes Warth, Ilona Boeselager und Katja Bossert, die je auf ihre Weise – teils vor langer Zeit – dazu beigetragen haben, dass dieses Buch entstehen konnte.

Ein besonderer Dank gilt Thomas Sattelberger für das Vorwort und dafür, dass er sich auf uns eingelassen hat.

Nicht zuletzt wollen wir drei Brüder uns auch gegenseitig danken, obwohl das bei einem gemeinsamen Buch irgendwie ein bisschen blöd und fast ein wenig peinlich ist; doch haben uns das Buch und die Arbeit daran – trotz der knappen Zeit – wieder enger zusammengebracht und zusammengeschweißt. Mit anspruchsvollen Berufen, in verschiedenen Städten lebend und mit vielen Kindern hat man nie genügend Zeit miteinander. Insofern handelt dieses Buch vielleicht auch von drei Brüdern, die auszogen, um etwas über die Kunst wirksamer Führung herauszufinden, und sich dann am Ende auf gewisse Weise gegenseitig entdeckten.